国家级实验示范中心配套教材

动物学实验

耿宝荣　主编

科学出版社

北京

内 容 简 介

　　本书是编者根据多年的教学经验,并在参考国内外同类教材的基础上精心编写而成。全书按照动物进化系统从低等到高等的顺序编排 29 个基础性实验和 4 个综合性实验,实验内容涉及各门类代表动物的形态观察与解剖、常见种类描述等。每个实验前均简述该实验的意义、实验操作的关键步骤及相关注意事项。

　　本书可作为高等院校动物学实验教学用书,也可供农业、林业、水产及医学类院校相关专业学生参考。

图书在版编目(CIP)数据

动物学实验 / 耿宝荣主编. —北京:科学出版社,2012.7
国家级实验示范中心配套教材
ISBN 978-7-03-034717-6

I. ①动⋯ II. ①耿⋯ III. ①动物学 – 实验 – 高等学校 – 教材
IV. ①Q95-33

中国版本图书馆CIP数据核字(2012)第121852号

责任编辑:朱　灵 / 责任校对:谭宏宇
责任印制:黄晓鸣 / 封面设计:殷　靓

科 学 出 版 社 出版
北京东黄城根北街 16 号
邮政编码:100717
http://www.sciencep.com

广东虎彩云印刷有限公司印刷
科学出版社编务公司排版制作
科学出版社发行　各地新华书店经销
*
2012 年 7 月第 一 版　　开本:B5 (720 × 1000)
2023 年 8 月第八次印刷　印张:14
字数:264 000
定价:42.00 元
(如有印装质量问题,我社负责调换)

前　言

人才培养模式是学校为学生构建知识、能力、素质结构并实现这种结构的方式，它从根本上规定了人才特征并集中地体现了教育思想和教育观念。按照教育部提出的"基础扎实、知识面宽、能力强、素质高"的21世纪人才的总体要求和《高等教育法》提出的"培养具有创新精神和实践能力的高级专门人才"的要求，我们在总结多年教学改革工作的基础上，提出了编写本书的总体思路，以加强基础知识、重视素质、技能和创新能力的培养，建立科学的、合理的、优化的动物科学实验教学体系。

本书以"重视基本知识和基本技能、注重学生的能力培养"为主要特色，保持了动物学实验中的经典内容，配以大量模式示意图，便于学生学习基本实验方法与操作技术，印证相关理论学习的内容。书中安排的综合实验可以培养学生综合分析问题和解决问题的能力。用于解剖实验的动物，尽量采用人工养殖种类；在动物分类上，突出各分类阶元的代表性及南方物种的描述。文后附有相关的主要参考文献。

在实验教学中应改变传统的模式，建立并完善"基础性实验—综合性实验—研究式实验"多层次化、多模式的实验体系，使实验教学具有主动性、创新性、系统性、高效性、科学性；加强综合性、自选性、设计性实验，着重学生动手能力、创新能力、综合分析能力的培养，全面提高学生的综合适应能力；在各层次水平上安排既有基础实验技术，又有学科发展前沿的知识结构合理的实验内容。

本书中实验1、2、9、12、30及实验13、14的插图部分由福建师范大学饶小珍编写和提供，实验3、8、15由福建师范大学林岗编写，实验4、5、10、11由宁德师范学院李进寿编写，实验6、7由泉州师范学院柯佳颖编写，实验13、14的文字部分由九江学院陶热编写，实验16、23由福建师范大学张秋金编写，实验17、18、19由福建师范大学陈友铃编写，实验20、21、22、32、34由福建师范大学耿宝荣编写，实验24、25、26、27、28、29、33由江西师范大学邵明勤编写，实验31由福建师范大学许友勤编写，全书由耿宝荣统稿，书中无脊椎动物学部分由饶小珍协助统稿，脊椎动物学部分由邵明勤协助统稿。

由于编者水平有限，书中缺点和错误在所难免，恳请动物学界同仁和读者批评指正。

编　者

2012 年 2 月

目　录

前言

第 1 部分　基础性实验

第 2 部分 综合性实验

第 3 部分 研究性实验

第 *1* 部分　基础性实验

实验 1　动物的细胞和组织

【目的与要求】

　　1. 了解动物细胞的基本结构；

　　2. 掌握动物组织临时装片和涂片的一般制作方法；

　　3. 掌握动物 4 类基本组织的结构特点，理解组织结构与机能的关系。

【实验材料】

　　活蛙，蝗虫浸制标本，动物各组织的玻片标本。

【用具与药品】

　　显微镜、载玻片、盖玻片、解剖器、吸管、吸水纸、牙签、染色缸、玻片架。

　　0.1%的亚甲蓝、0.65%及 0.9%的生理盐水溶液、甲醇、吉姆萨染液、蒸馏水。

【操作与观察】

　　1. 制片与观察

　　(1)人口腔上皮细胞的制备与观察

　　滴一滴 0.9%生理盐水于载玻片中央，用牙签在自己的口腔颊部轻轻刮几下(注意不要用力过猛，以免损伤颊部)，将刮下的白色黏性物质薄而均匀地涂在载玻片上，然后加盖玻片，在低倍镜下观察。口腔上皮细胞常数个连在一起，由于口腔上皮细胞薄而透明，因此光线需要暗些。找到口腔上皮细胞后，将其移至视野中心，再转高倍镜观察。口腔上皮细胞呈扁平多边形。试辨认细胞核、细胞质和细胞膜。若观察不清楚时，可在盖玻片一侧加一滴 0.1%的亚甲蓝，另一侧放一小块吸水纸吸引，如此可使染液流入盖玻片下面，将细胞染成浅蓝色，核染色较深。注意染液不可过多，以免妨碍观察。

　　(2)骨骼肌的制片与观察

　　用尖头镊子取蝗虫浸制标本胸部肌肉少许，置于载玻片上的水滴中。用解剖针仔细分离肌纤维(越细越好)。用 0.1%亚甲蓝染色，盖上盖玻片后置于显微镜下观察。

　　(3)血液涂片的制备与观察

　　左手从蛙背面握蛙，右手持注射器从蛙胸部进针刺入蛙心脏采血，滴一滴在洁净载玻片右端，注意血滴不宜过大。另取边缘光滑的一块载玻片作推片，斜置于第一块载玻片血滴的左缘，角度成 40°左右。将推片稍向右移，接触血滴，使血液充满两玻片之间的夹角。再将推片向左方匀速推进，使玻片上留下薄而均匀的血膜。摇动涂有血膜的玻片，使之尽快干燥，避免细胞皱缩。晾干后的血涂片放入盛有甲醇的染色缸内，固定 3~5min。将固定后的血涂片平放在玻片架上，滴加数滴吉姆萨染液，以覆盖血膜为宜，染色 15~30min。然后在染色玻片的一端用自来水细流缓缓冲去染液，斜立血涂片于玻片架上，晾干后置显微镜下观察。

在低倍镜下选择分布均匀的血细胞，换高倍镜观察。蛙红细胞呈椭圆形，中央有一椭圆形细胞核呈蓝色，细胞质呈红色，此外，还可见到白细胞和凝血细胞。

2. 观察各组织制片

(1) 上皮组织

1) 单层立方上皮 (甲状腺切片)：低倍镜观察，可看到许多大小不等的、圆形或椭圆形的红色甲状腺滤泡。高倍镜观察，滤泡壁由一层立方上皮细胞构成，核圆形、蓝紫色，位于细胞中央，细胞质粉红色 (图 1-1)。

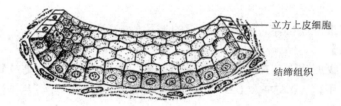

图 1-1　单层立方上皮 (黄诗笺，2006)

2) 单层柱状上皮 (小肠横切片)：低倍镜观察，可见黏膜面形成许多指状突起，突向管腔，突起表面覆有一层柱状上皮。高倍镜观察，可见上皮细胞为柱状，核长椭圆形、蓝紫色，靠近细胞的基底部。把光圈缩小，减少光量，可见细胞的游离面有一层较亮的粉红色膜状结构，称为纹状缘。在柱状细胞之间散在有杯状细胞，此细胞上端膨大、下端细小，核呈三角形或半圆形，位于细胞基底部。在杯状细胞上端的细胞质内积有大量不着色的黏液，在切片上呈卵形空泡状结构，细胞游离面无纹状缘 (图 1-2)。

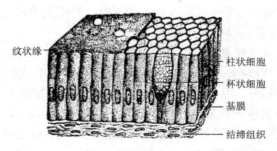

图 1-2　单层柱状上皮 (黄诗笺，2006)

3) 复层扁平上皮 (食道横切片)：低倍镜观察，此上皮由许多层细胞组成，上皮的基底面呈波浪形。高倍镜观察，可见与基膜相连的是一层排列整齐的矮柱状细胞，细胞核椭圆形。中层为几层多角形细胞，排列不整齐，核扁平。接近上皮表面的细胞变为扁平状，核着色淡，甚至模糊不清(图 1-3)。

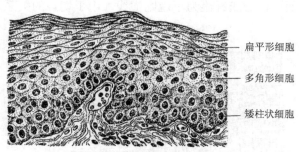

扁平形细胞

多角形细胞

矮柱状细胞

图 1-3 复层扁平上皮(黄诗笺，2006)

(2)肌肉组织

1)骨骼肌：低倍镜观察，在纵切面上可见骨骼肌为长条形肌纤维，在肌纤维间有染色较淡的结缔组织。高倍镜观察，单个骨骼肌纤维呈长圆柱形，其表面有肌膜，肌膜内侧有许多染成蓝紫色的椭圆形细胞核。缩小光圈，使视野不致过亮，可见到每条肌纤维内有很多纵行的细丝状肌原纤维，肌原纤维上有明暗相间的横纹，即明带和暗带。在横切面上，可见肌纤维呈多边形或不规则圆形，外有肌膜，细胞核卵圆形紧贴肌膜内侧。肌原纤维呈小红点状，在肌浆内排列不均匀，所以在横切面上呈现小区(图 1-4)。

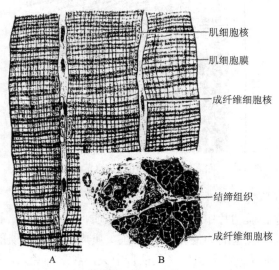

肌细胞核

肌细胞膜

成纤维细胞核

结缔组织

成纤维细胞核

A B

图 1-4 骨骼肌纵、横切片(黄诗笺，2006)

A. 骨骼肌纵切面；B. 骨骼肌横切面

2）心肌：先低倍镜后高倍镜观察，在纵切面上，心肌纤维彼此以分支相连，核卵圆形，位于肌纤维中央。缩小虹彩光圈，使光线暗些，可看到心肌纤维的横纹，但不及骨骼肌的明显，在心肌纤维及其分支上，可见到染色较深的梯形横线，即闰盘。在横切面上，心肌纤维为不规则横线，由于切片的关系，有的有核，有的无核（图 1-5）。

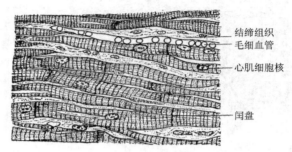

　　　　结缔组织
　　　　毛细血管
　　　　心肌细胞核

　　　　闰盘

图 1-5　心肌纵切面（黄诗笺，2006）

3）平滑肌：先低倍镜后高倍镜观察蛙的平滑肌分离装片，可见分离的平滑肌纤维呈长梭形，核长椭圆形，位于细胞中部，在常规染色标本上肌原纤维分辨不清楚（图 1-6）。

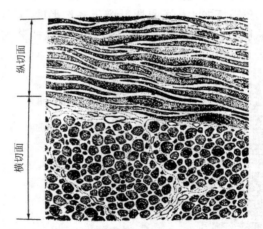

图 1-6　平滑肌纵切面和横切面（黄诗笺，2006）

（3）神经组织（脊髓横切片）

肉眼观察，脊髓横切片中央为蝴蝶状的灰质，其中心有一孔为中央管，灰质较狭的一端为背角，较宽的为腹角；包围在灰质周围染色较淡的部分是白质。

低倍镜观察，将脊髓灰质腹角移至视野中央，观察神经元。在腹角内有许多较大的多突起细胞即脊髓腹角运动神经元，为多极神经元。神经元胞体上的突起包括树突和轴突，但两者不易区分，一般可根据轴突基部的轴丘处染色较浅（无尼氏体）

来识别轴突。选择一个胞体较大、突起较多、核较清晰的神经元移至视野中央。高倍镜观察，神经元的核较大，呈囊泡状，居细胞中央，核内有染色较深的核仁。

（4）结缔组织

1）透明软骨（猫的气管横切片）：肉眼观察，气管壁内染色略深的"C"形结构即透明软骨，将该部位置于显微镜视野中央。

低倍镜观察，透明软骨表面包有一层致密结缔组织的软骨膜。近软骨膜的软骨细胞较小而密，梭形，单个排列，其长轴与软骨膜平行。软骨中心部分的软骨细胞较大，呈椭圆形或圆形，常2~4个成群分布。由软骨表面至软骨中心有质地均匀的基质。高倍镜观察，有软骨细胞存在的地方称为陷窝。在制片过程中有的软骨细胞脱落，则软骨陷窝呈现为白色空腔；有的软骨细胞有所收缩，其周围的白色间隙也是陷窝的一部分，陷窝周围的基质着色略深，称为软骨囊（图1-7）。

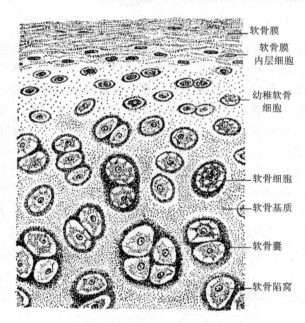

图 1-7　透明软骨（黄诗笺，2006）

2）骨组织（长骨横切面磨片）：低倍镜观察，可见许多骨板呈多层同心圆排列的结构，即骨单位（哈佛氏系统）。每个骨单位的中央有一个黑色、较大的圆形管道的横断面即为中央管（哈佛氏管），在此管周围有许多呈同心圆排列的骨单位骨板（哈佛氏骨板）。各哈佛氏系统之间还存在着一些不呈同心圆排列的骨板，即间骨板。

高倍镜观察，在骨板内或骨板间有许多扁卵圆形呈黑角的小腔隙，即骨陷窝，其内的骨细胞已不存在，骨陷窝向四周发出许多细小放射状的黑色分支即骨小管，相邻骨陷窝之间的骨小管彼此相连通，靠近哈佛氏管的骨小管则与哈佛氏管相连通（图 1-8）。

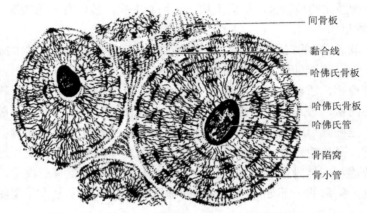

　　　　　　　　　　　　　　　　　　　　　　　　　　　间骨板
　　　　　　　　　　　　　　　　　　　　　　　　　　　黏合线
　　　　　　　　　　　　　　　　　　　　　　　　　　　哈佛氏骨板
　　　　　　　　　　　　　　　　　　　　　　　　　　　哈佛氏骨板
　　　　　　　　　　　　　　　　　　　　　　　　　　　哈佛氏管
　　　　　　　　　　　　　　　　　　　　　　　　　　　骨陷窝
　　　　　　　　　　　　　　　　　　　　　　　　　　　骨小管

图 1-8　哈佛氏系统横断面，示骨板（黄诗笺，2006）

　　3）疏松结缔组织：低倍镜观察，可见交织成网的纤维及分布在纤维之间的结缔组织细胞。高倍镜下观察，胶原纤维为粉红色粗细不等的细带状，它们相互交叉排列，数量较多，有时胶原纤维呈波浪状。弹性纤维为深紫褐色，其断端常呈现卷曲状，纤维粗细不等，比胶原纤维细，单条分布而不成束，有分支并交织成网。成纤维细胞数量最多，胞体大，呈多突扁平形，染色浅，轮廓不明显，核多为椭圆形，蓝紫色，可见 1 或 2 个核仁。巨噬细胞形状不一，与成纤维细胞的区别在于细胞质中含有吞噬的台盼蓝颗粒，细胞轮廓较明显，核较小，圆形或卵圆形。肥大细胞常成群分布在毛细血管附近，胞体较大，圆形或卵圆形，细胞质中充满粗大的蓝紫色颗粒，核小，圆形或椭圆形，位于细胞中央。浆细胞数量少，很难在铺片上见到，呈椭圆形，核染色深，居细胞一侧，核内含有丰富的染色质，聚集在核周围，向核中心辐射状排列，近核处有一着色浅的区域（图 1-9）。

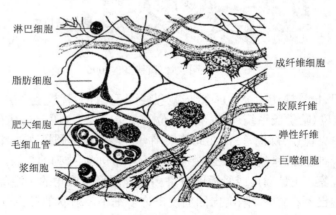

淋巴细胞
脂肪细胞
肥大细胞
毛细血管
浆细胞
成纤维细胞
胶原纤维
弹性纤维
巨噬细胞

图 1-9　疏松结缔组织（黄诗笺，2006）

4) 脂肪组织(猫气管横切): 低倍镜观察,在气管最外面一层的疏松结缔组织中可看到密集成群的圆形或多角形的空泡,即脂肪组织的脂肪细胞(细胞质内的脂肪滴在制片过程中被乙醇及二甲苯溶解)。在成群脂肪细胞之间有疏松结缔组织分隔。高倍镜观察,可见脂肪细胞的细胞核为扁圆形或半月形,偏于细胞的一侧(图 1-10)。

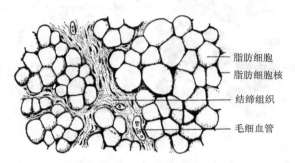

图 1-10 脂肪组织(黄诗笺,2006)

5) 致密结缔组织(猫的尾腱纵切片): 先低倍镜后高倍镜观察。胶原纤维束粗而直,彼此平行排列,腱细胞在纤维束间排列成单行,切面上呈梭形,核椭圆形或杆状,蓝紫色,两个邻近细胞的细胞核常常靠近,细胞质不易显示(图 1-11)。

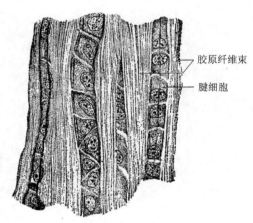

图 1-11 腱(致密结缔组织)(黄诗笺,2006)

6) 血液(人血涂片): 先低倍镜后高倍镜观察(图 1-12)。

① 红细胞: 数量最多,小而圆,无细胞核,其中央部分着色较周围淡。

② 白细胞: 慢慢移动标本,观察各种白细胞,白细胞数量比红细胞少,但胞体大,细胞核明显,极易与红细胞区别开。

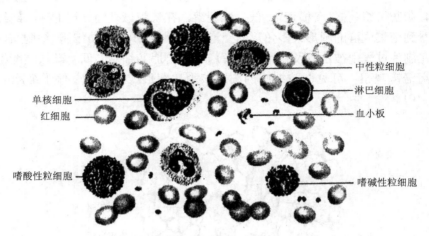

图 1-12 人的各种血细胞(黄诗笺,2006)

③ 血小板:为形状不规则的胞质小体,其周围部分为浅蓝色,中央有细小的紫色颗粒,常聚集成群,分布于红细胞之间。高倍镜下一般只能看到成堆的紫色颗粒,在油镜下才能看到颗粒周围浅蓝色的细胞质部分。

【作业与思考】

1. 绘 1~2 个人口腔上皮细胞。

2. 比较动物 4 类基本组织的结构特点和功能。

实验 2　原生动物

【目的与要求】

1. 学习对运动活泼的微型动物的观察和实验方法；
2. 观察绿眼虫、大变形虫和大草履虫，了解原生动物的基本特征及各纲的分类依据；
3. 认识原生动物的应激性，了解原生动物的科学价值；
4. 熟悉临时装片的制作，掌握临时装片的染色方法；
5. 认识一些常见的原生动物。

【实验材料】

纯培养或天然水体采集的高密度绿眼虫、大变形虫和大草履虫，天然水体采集的微型生物水样，草履虫横分裂及接合生殖装片，原生动物染色玻片标本。

【用具与药品】

显微镜、载玻片、盖玻片、滴管、吸水纸、擦镜纸、脱脂棉。

1%甲基绿，5%冰醋酸，洋红溶液，10%碘液，蒸馏水，0.1%、0.3%、0.5%、0.7%生理盐水溶液。

【操作与观察】

1. 大草履虫的形态结构与运动

(1) 大草履虫(*Paramecium caudatum*)临时装片的制备

为限制大草履虫的迅速游动以便观察，先将少许棉花(注意不要太多)纤维撕松放在载玻片中部，吸取大草履虫培养液滴一滴在棉花纤维之间，盖上盖玻片，在低倍镜下观察。如果大草履虫游动仍很快，则用吸水纸在盖玻片的一侧吸去部分水(注意不要吸干)，再进行观察。

(2) 大草履虫的外形与运动

在低倍镜下，将光线适当调暗点，使大草履虫与背景之间有足够的明暗反差。可见大草履虫形似一倒置的草鞋，前端钝圆，后端稍尖，体表密布纤毛(图 2-1)。在大草履虫运动时注意观察其口沟。从虫体前端开始，体表有一斜向后行直达体中部的凹沟，即口沟，口沟处有较长而强的纤毛，口沟内纤毛的摆动使水流携带食物颗粒进入胞口。

观察大草履虫游动时其周身纤毛如何摆动？大草履虫如何游动？遇到阻碍时如何反应？

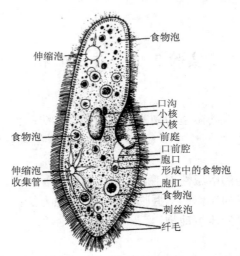

图 2-1　大草履虫的形态结构图(任淑仙，2007)

(3) 内部结构

选择一个虫体较大而又不太活动的大草履虫转高倍镜观察其内部构造。虫体的表面是表膜(当大草履虫穿过棉花纤维时其体形可否改变？为什么？)。将光线调暗一些，可看到体表纤毛有节律地摆动(大草履虫体表纤毛的分布如何？)。紧贴表膜的一层细胞质透明、无颗粒，为外质，外质内有许多与表膜垂直排列的、折光性较强的椭圆形刺丝泡，外质以内的细胞质多颗粒，为内质。

虫体口沟的末端有一胞口，胞口后连接的导入内质的短管为胞咽，胞咽壁上有由长纤毛联合形成的波动膜(口沟纤毛和胞咽波动膜的波动有何功用？)。胞肛须用特殊染色方法才能显示出来，但在大草履虫排便时可以看到它的位置。

内质里有大小不同的圆形泡，多为食物泡。在虫体的前端和后端各有一透明的圆形泡，可以伸缩，为伸缩泡的主泡。当伸缩泡主泡缩小时，可见其周围有 6~11 个放射状排列的长形透明小管，即收集管(前后伸缩泡之间及伸缩泡的主泡与收集管之间在收缩上有何规律？)。

大草履虫有大、小两个细胞核，位于内质中央，在盖玻片一侧滴一滴 1% 甲基绿(或 5% 冰醋酸)，另一侧用吸水纸吸引，使盖玻片下的大草履虫浸在甲基绿(或冰醋酸)中。2~3min 后，在低倍镜下观察，可见虫体中部被染成绿色(或淡黄色)、呈肾形的大核。转高倍镜观察大核凹处有一圆形小核，但不易见到。

2. 大草履虫食物泡的形成及变化

取一滴大草履虫培养液于载玻片中央，加少许洋红颗粒于培养液中，混匀，再加少量棉花纤维并加盖玻片。立即在低倍镜下寻找一个被棉花纤维阻拦而不易流动但口沟未受压迫的大草履虫，转高倍镜仔细观察食物泡的形成、大小的变化及其在虫体内环流的过程。

3. 大草履虫的应激性实验

刺丝泡的发射：制备大草履虫临时装片，在盖玻片的一侧滴一滴 10%碘液，另一侧用吸水纸吸引，使碘液浸过大草履虫。在高倍镜下观察，可见刺丝已射出，在大草履虫虫体周围呈乱丝状(刺丝泡有何功能？)。

4. 大草履虫对水平衡的调节

配制 0.1%、0.3%、0.5%、0.7%等系列浓度的生理盐水溶液。先后取 5 块载玻片，第 1 块滴入蒸馏水作对照，后 4 块分别滴入以上配制的系列浓度生理盐水溶液。再用毛细滴管吸取密集大草履虫培养液，分别滴一小滴于各载玻片的溶液中(大草履虫液不宜多，以免稀释了盐溶液)。混匀，5min 后加棉花纤维和盖玻片，制成临时装片，依次置显微镜下观察。在低倍镜下选择一个较大又不大活动的大草履虫，转高倍镜观察其伸缩泡的收缩情况。用秒表记录伸缩泡的收缩周期，重复三次计数，取平均值，并推算每分钟伸缩泡的收缩频率。按以上方法观察记录，计算并比较大草履虫在蒸馏水和不同浓度生理盐水溶液中伸缩泡的收缩频率，说明伸缩泡的功能及其收缩频率与渗透压的关系。

5. 大草履虫的生殖

草履虫的生殖在活体观察时常常可以看到，如未能看到则取玻片标本观察。

无性生殖：横二分裂。注意观察细胞核的分裂情况。

有性生殖：接合生殖。注意两虫在何处接合？接合生殖有何生物学意义？

6. 绿眼虫的形态结构与运动

用滴管取一滴绿眼虫(*Euglena viridis*)培养液或池塘水样于载玻片中央，盖上盖玻片，置显微镜下观察，可看到一些绿色游动的绿眼虫。将光线调暗，可看到虫体的前端有一根鞭毛。这些游动的绿眼虫其鞭毛不停地摆动，身体作螺旋状摇摆前进。当虫体不活动时，常由虫体收缩而出现特殊的蠕动，为绿眼虫式运动(鞭毛如何摆动？虫体如何运动？)。

在高倍镜下观察一个蠕动的绿眼虫，观察绿眼虫的体形，辨认虫体的前后端(图 2-2)。可见整个虫体略呈梭形，前端钝圆，后端尖削。在前端有一个略呈长圆形无色透明的结构，为储蓄泡，前端的一侧有一个红色的眼点(眼点对眼虫的生活有何意义？)。虫内有许多绿色的椭圆形小体，为叶绿体。在虫体中央稍后有一个圆形透明的结构，即细胞核。有时可看到圆形不动的个体，外面形成一层较厚的囊将其包围，即形成了包囊，刚形成的包囊内虫体绿色，有红色眼点(包囊的形成有何意义？)。

在盖玻片的一侧加一小滴碘液，另一侧用吸水纸吸引，使碘液浸过虫体。可见细胞核呈圆形，褐色，位于虫体中部或后半部，鞭毛呈褐色。

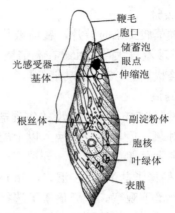

图 2-2　绿眼虫的形态结构图（刘凌云和郑光美，1997）

7. 大变形虫的形态结构与运动

用吸管从培养液底部吸一滴培养液放在载玻片上，加上盖玻片，注意不要出现气泡。大变形虫（*Amoeba proteus*）为形状不规则的原生质团块，虫体小而透明，在低倍镜下呈极浅的蓝色，并且原生质不停地流动，不断地改变虫体形状，可据此两点在低倍镜下寻找大变形虫，注意要将显微镜的光线调暗些。找到大变形虫后，将它移到视野中心，转高倍镜观察。大变形虫的最外面为质膜，其内为细胞质。细胞质明显可分为两部分：外面一层透明的为外质；里面颜色较暗、含有颗粒的部分为内质。虫体向前流动的一端，由细胞质突出形成叶状的伪足，注意伪足的数目及变形运动的过程。在内质的中央有一个呈扁圆形、较内质略为稠密的结构，即细胞核。在内质中还可以看到一些大小不同的食物泡和一个清晰透明、时隐时现的圆形伸缩泡（图 2-3）。

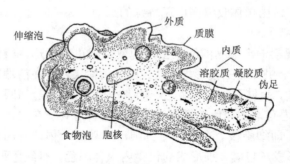

图 2-3　大变形虫的形态结构图（刘凌云和郑光美，1997）

8. 原生动物主要类群示范

（1）鞭毛纲（Mastigophora）

1）夜光虫（*Noctiluca* sp.）：是形成海洋赤潮的一种鞭毛虫。体呈圆形，有一根由鞭毛变化而来呈细鞭状的触手及一根短的鞭毛，细胞质中有多数空泡。

2) 团藻虫(*Volvox*)：淡水生活。由许多小的细胞组成空球状，有时群体内可见到子群体。各个细胞(个体)排列在群体表面，彼此以原生质桥相连，每个个体有两根鞭毛。

3) 锥虫(*Trypanosoma* sp.)：寄生在脊椎动物的血液中。体呈纺锤形，鞭毛自体后发出，沿体一侧向前伸，并与虫体相连形成一波动膜，在体前游离体外。细胞核位于体中央。

(2) 肉足纲(Sarcadiana)

1) 太阳虫(*Actinophrys sol*)：多生活于淡水。体呈球形，有放射状的伪足伸向虫体四周，是典型的轴状伪足。

2) 表壳虫(*Arcella* sp.)：生活于淡水，虫体具浅褐色半圆形的壳，由细胞本体分泌而成，形如表壳，黄褐色，有花纹。其腹面中央有一圆形壳口，指状伪足由此伸出。

3) 砂壳虫(*Difflugia* sp.)：外壳由虫体分泌的胶质物混合自然的小砂粒构成。指状伪足从壳口伸出，壳和本体间空隙多，并充满气体，故可漂浮水中参与浮游生物的组成。

4) 放射虫(Radiolaria)：生活于海洋中，一般呈球形，通常具硅质的骨骼，并有辐射排列的刺。

(3) 孢子纲(Sporozoa)

间日疟原虫(*Plasmodium vivax*)：寄生于人红细胞内的不同时期疟原虫。环状体，直径为红细胞直径的 1/4~1/3，虫体形如戒指；滋养体，虫体呈不规则的大变形虫状；裂殖体，虫体已分裂成 12~24 个红色卵圆形小体，即裂殖子，裂殖子几乎充满胀大的红细胞。

(4) 纤毛纲(Ciliata)

1) 喇叭虫(*Stehter* sp.)：生活在富含有机质的淡水中，为大型纤毛虫。虫体能伸缩，伸展后形似喇叭。口缘小膜带的纤毛发达，伸缩泡一个，位于体前部一侧，多数种类大核呈念珠状。

2) 钟虫(*Vorticella* sp.)：生活于有机污染较重的水域中，体形似倒置的钟。钟口即口缘，纤毛只限于口缘小膜带。反口面有一能伸缩的柄，以柄固着于他物。大核呈马蹄形，伸缩泡呈圆形。

3) 棘尾虫(*Stylongchia* sp.)：生活于淡水或咸水中。体长圆形，腹面平，背面隆起。腹面生有棘毛，体后端有三根较长的棘毛。

4) 游仆虫(*Euplotes* sp.)：与棘尾虫同属腹毛类纤毛虫。体卵圆形，较小；尾棘毛 4 条，限于腹面。

【作业与思考】

　　1. 观察比较绿眼虫、大变形虫和大草履虫的运动方式。

　　2. 通过大草履虫对盐度的应激性实验,分析伸缩泡的功能及其收缩频度与渗透压的关系。

　　3. 绘大草履虫的形态结构图。

　　4. 设计实验说明原生动物的单个细胞是一个完整的能独立生活的动物个体。

实验 3 水螅及其他腔肠动物

【目的与要求】

1. 本实验以水螅为腔肠动物门水螅纲独立生活的代表，通过对其形态结构的观察，了解腔肠动物门的主要特征，认识腔肠动物在进化中的重要地位；

2. 观察本纲各重要代表动物，以了解腔肠动物形态结构的多样性，认识一些常见的腔肠动物。

【实验材料】

1. 活的水螅。

2. 水螅的整体装片，水螅纵、横切面玻片标本，水螅神经系统装片。

3. 数枝螅浸制标本与装片、海葵的浸制标本与装片、多种腔肠动物浸制标本或干标本。

【用具与药品】

显微镜、体视显微镜、刀片、镊子、培养缸、吸管、培养皿、载玻片、盖玻片；2%乙酸。

【操作与观察】

水螅(Hydra)属于腔肠动物门(Coelenterata)、有刺胞亚门(Cnidaria)、水螅纲(Hydrozoa)、水螅目(Hydroida)，生活于淡水池沼中，常附于池沼中的水草或水面的落叶上，夏秋时为数特多，冬天常沉于水池底，可将水草或落叶移放于培养缸中，加池水和水蚤培养。

1. 水螅活体形态的观察

用吸管将水螅移于培养皿，加入少许自来水，待其完全伸展后，将培养皿置于体视显微镜下，观察它的外形、颜色、触手数目和捕食过程。

(1) 外形：身体呈长筒形(图 3-1A)。

(2) 基盘：此处有许多腺细胞，能分泌黏液附于他物。

(3) 垂唇：与基盘相对的一端，在触手围绕的中心稍突起的部分称为垂唇(hypostome)，口呈星形在垂唇中央。

(4) 芽体：无性生殖中由体壁突出的子体，体中有消化循环腔，或在体上端已形成触手和口等。

(5) 精巢：在身体上部由体壁外胚层形成。

(6) 卵巢：在身体下部由体壁外胚层形成。

(7) 触手：垂唇周围有 5~10 条，细长指状，触手上的粒状突起为刺细胞(cnidoblast)的部分，刺细胞内含有刺丝囊(nematocyst)，有一核，外端有刺针

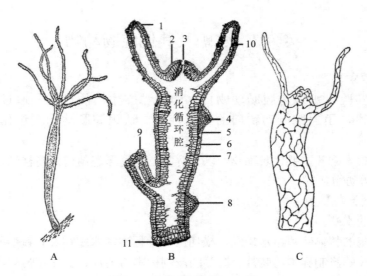

图 3-1　水螅(徐芴南，1958)

A. 外形；B. 纵切；C. 神经网

1. 触手；2. 垂唇；3. 口；4. 精巢；5. 外胚层；6. 中胶层；7. 内胚层；8. 卵巢；
9. 芽体；10. 刺细胞；11. 基盘

(cnidocil)，刺丝囊内有盘旋的丝状管，在受刺激时立即放出丝状管，用以杀死他物。

2. 刺细胞的种类和构造的观察

用刀片切取触手一条，放在载玻片中央，加盖玻片轻压之，或将水螅放在载玻片正中，加盖玻片。自盖玻片边缘滴加 2%乙酸，刺激其放出刺丝，先用显微镜低倍镜寻找，再移至高倍镜观察各种刺细胞。刺细胞的刺丝囊有如下几种(图 3-2III)。

(1)穿刺刺丝囊(penetrant)：最大，球形或梨形，在丝状管的基部有三个长刺和三对小刺，丝状管未射出时横盘旋于刺细胞内，有穿刺和注射毒液的功用。

(2)卷缠刺丝囊(volvent)：有缠绕他物的功能，小梨形或球形，有一个粗而无刺的丝状管，管未射出时作成单环，藏于刺丝囊内。

(3)黏性刺丝囊(glutinant)：能分泌胶质，捕捉水中的小动物，使其麻醉或杀死。其包含两种类型：一种呈大圆柱形或椭圆形，在丝状管放出的一端，稍尖，丝状管上有小针，放出时可用以盘绕；另一种丝状管放出时，直而无刺。

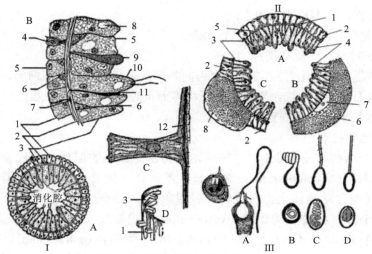

图 3-2　水螅的结构(徐芳南，1958)

Ⅰ水螅的横切及结构：1. 外胚层；2. 中胶层；3. 内胚层；4. 刺细胞；5. 外皮肌细胞；6.间细胞；7. 神经细胞；
　　8. 内皮肌细胞；9. 腺细胞；10. 鞭毛；11. 感觉细胞；12. 肌原纤维

　　Ⅱ水螅横切(示 3 个切面)：A. 普通体壁；B. 精巢处切面；C. 卵巢处切面。1. 间细胞；2. 外胚层细胞；
　　　3. 中胶层；4. 内胚层细胞；5. 纵肌原纤维；6. 营养细胞；7. 卵；8. 精子

Ⅲ水螅的刺细胞和刺丝囊：A. 穿刺刺丝囊；B. 卷缠刺丝囊；C、D. 黏性刺丝囊。1. 刺针；2. 刺丝；3. 细胞核

3. 水螅整体装片的观察

取整体装片，在低倍镜下进一步观察，补充活体观察的不足。

4. 水螅纵、横切片的观察(图 3-1B 和图 3-2)

先在低倍镜下观察纵切片，辨认出垂唇、消化循环腔、基盘，观察体壁的两层细胞。横切片上辨认体壁的两层细胞。转换高倍镜观察体壁细胞的结构和种类。

(1)外胚层(ectoderm)：体壁最外一层，较薄。

外皮肌细胞(epithelio-muscular cell)：为多数短柱形或方形的细胞。

间细胞(interstitial cell)：外皮肌细胞基部间小而圆的细胞、可分化成神经细胞、刺细胞和生殖细胞等。

刺细胞(如上述)。

神经细胞：外皮肌细胞间较小的长圆柱形细胞，在非特别染色的玻片标本中不易看到(图 3-1C)。

生殖细胞：为外皮肌细胞间较大的圆柱形细胞。

(2)中胶层(mesoglea)：在内外胚层之间一层极薄的胶状物质。

(3)内胚层(endoderm)：近消化循环腔的一层。

1)内皮肌细胞或叫消化细胞：锥形，有 1~5 根鞭毛，也可伸出伪足，细胞内有空泡和食物泡。

2)腺细胞：较狭长，亦锥形，细胞质较浓厚，多颗粒。

3)间细胞：在内皮肌细胞之间。

(4)消化循环腔：在中央的一个大腔。

5. 水螅精巢、卵巢横切片的观察

成熟精巢的切面上(图 3-2II)，由内向外依次是精母细胞、精细胞、精子。成熟的卵巢里面只有一个卵细胞，细胞质内多卵黄颗粒，细胞核较难切到。

6. 其他腔肠动物的观察

(1)水螅纲代表种类

1)薮枝螅(*Obelia*)(图 3-3)：腔肠动物门水螅虫纲的群体生活代表，属于水螅纲、被芽目(Calyptoblastea)，为树枝状的群体，附着于浅海的海藻、码头柱石、岩石或他种动物体上，有世代交替现象(metagenesis)。群体可分根状的螅根(hydrorhiza)、树枝状的螅茎(hydrocaulus)和螅枝(hydrocladium)，在螅枝上有两种个员(zooid)，分别为水螅体(hydranth)和生殖体(gonongium)。水螅体又称为营养体，是无性世代，具有中实触手30 个，口在圆锥形的垂唇内。围鞘是外围透明的几丁质管子，在螅枝顶端呈透明状的水螅体鞘(hydrotheca)有保护的功用。共肉(coenosarc)在围鞘内，为细微颗粒细胞层的管子，由内外二胚层和很薄的中胶层所组成，在围鞘和共肉之间的腔称为围鞘腔(perisarc cavity)。共肉所组成的管子即共肉腔，各个营养体的共肉腔均相连，成为消化腔(gastr cavity)。生殖体呈盲管状，包在外围的筒状囊称为生殖体鞘(gonotheca)，其顶端开口称为生殖孔，中间的腔称为生殖体腔，腔的基部有圆柱状的子茎(blastostyle)伸入腔中，子茎上着生水母芽(medusa-bud)。

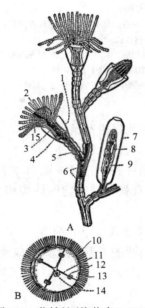

图 3-3　薮枝螅(徐丐南，1958)
A. 水螅型群体一部；B. 水母型
1. 螅鞘；2. 触手；3. 内胚层；4. 消化循环腔；5. 围鞘；6. 共肉；7. 生殖体；8. 水母芽；9. 子茎；10. 平衡囊；11. 辐管；12. 生殖腺；13. 触手；14. 垂管；15. 外胚层

2)钩手水母(*Gonionemus*)：属于螅形目的硬水母目(Calyptoblastea)，生活于海水，有世代交替。有性世代的水母，自由生活于海水内，常漂浮于海面，触手有 16~80 个，形似薮枝螅水母，唯垂管末端口的四周有四叶口，中胶质很薄，雌雄同体，生殖腺曲波状，位于辐管下，水母体的反口面隆起很高。无性世代的水螅体很小，附于海岸，可以产生芽体(图 3-4D)。

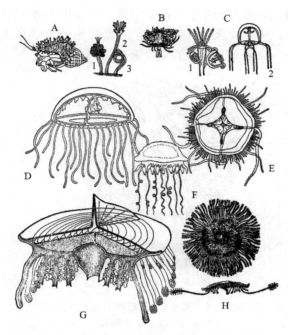

图 3-4 水螅纲的代表动物

A. 贝螅(1. 生殖体, 2. 水螅体, 3. 指状个员）；B. 筒螅；C. 鲍枝螅（1. 水螅体, 2. 水母体）；D. 钩手水母；
E. 桃花水母；F. 僧帽水母；G. 帆水母；H. 银币水母

3）桃花水母（*Craspedacusta sowerbyi* Payne）：亦属于硬水母目，土名桃花鱼或降落伞鱼，为淡水水母，有多肌肉纤维的缘膜，触手很多，富伸缩性，其中 4 条很长，触手依其长度可分三级，有感觉的功用。本种的水螅形体不甚明显，水母形体在长江上游 3~5 月出现，长江下游在 7~8 月出现，在华南 9~10 月出现（图 3-4E）。

4）僧帽水母（*Physalia physalis*）：属于水螅纲、管水母目（Siphonophora）、囊泳亚目（Cystonectae），在我国南方海面有产，为浮游性的群体水螅虫，浮囊极大，两端稍尖似僧帽，触手长达 16m 者，另有指状个员、营养个员、泳钟个员、叶状个员和子囊等（图 3-4F）。

5）帆水母（*Velella*）：属于管水母目的盘泳亚目（Disconectae），生活于海面，有盘状的浮囊体，盘的下面中央有一个大营养体，其周围有许多开口的子茎（生殖个员），边缘上有防御体（指状个员）（图 3-4G）。

6）银币水母（*Porpita*）：构造和帆水母相似（图 3-4H）。

（2）钵水母纲代表种类

1）海月水母（*Aurelia aurita*）：属于钵水母纲、旗口水母目。水母体呈扁平形，中胶层发达，淡乳白色，几乎透明，直径 10~30cm，身体呈四辐射对称。伞缘有

8 个结节状的缘瓣，内各有一个中空的触手囊。下伞中央有一个方形的口，口的四角各有一条下垂口腕，口腕上有刺细胞。生活史中有典型的世代交替现象。雌雄异体，外形相似，具 4 个马蹄形的生殖腺（图 3-5）。

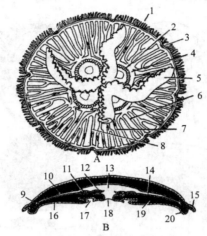

图 3-5　海月水母（刘凌云和郑光美，1997）

A. 口面观；B. 剖面观

1. 触手；2. 生殖腺；3. 感觉器；4. 胃囊；5. 口腕；6. 间辐管；7. 从辐管；8. 主辐管；9. 环管；10. 内胚层；11. 生殖腺；12. 胃丝；13. 胃腔；14. 辐管；15. 笠；16. 外胚层；17. 生殖穴；18. 口；19. 中胶层；20. 感觉器

2) 海蜇（*Rhopilema esculenta*）：属于钵水母纲、根口水母目。体明显分为伞部和腕部。口腕纵分成 8 腕，多折皱成根状，腕中有管，末端有吸口；伞部为球状，边缘有 8 个感觉器，触手为棒状。产于沿海一带，为大型食用水母，伞部叫蜇皮，口腕叫蜇头（图 3-6）。

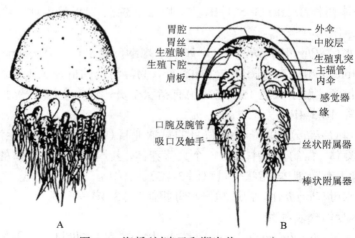

图 3-6　海蜇（刘凌云和郑光美，1997）

（3）珊瑚纲代表种类

1）海葵（*Sargartia*）：属于腔肠动物门、珊瑚纲（Anthozoa）、六放珊瑚亚纲（Hexacorallia）、海葵目（Actiniaria）。海葵种类很多，为潮间带的习见种类，常见于海边的岩石缝中、沙滩等。观察其浸制标本，可见其身体结实而柔软，呈圆筒形，一端为固着作用的足（基盘），另一端为裂缝形的口，周围为围口区和中空触手数圈（触手数为 5 或 6 的倍数），触手和围口处密生纤毛。体表有许多疣状突起。观察海葵的横切片标本，可见口道（stomodaeum）、口道沟（siphonoglyphe）、胃腔、隔膜（mesentery）、隔膜丝、肌旗、生殖腺等结构。其体壁的外胚层为柱状细胞，附近多纤细的菱形肌细胞；中胶层多纤维；内胚层为柱状细胞，并有肌纤维（图 3-7）。

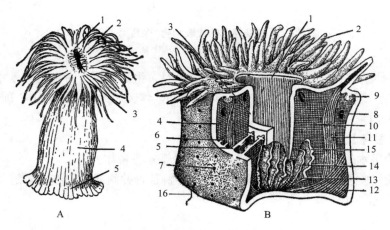

图 3-7　海葵（陈曲侯等，1958）

A. 海葵外形；B. 海葵部分体壁纵横切

1. 口；2. 触手；3. 咽壁；4. 初级隔膜；5. 次级隔膜；6. 三级隔膜；7. 壁孔；8. 窗孔；9. 括约肌；10. 横肌；11. 纵肌；12. 斜肌；13. 生殖腺；14. 胃室；15. 隔膜丝；16. 枪丝

2）海鸡冠（*Alcyonium*）：属于珊瑚虫纲、八放珊瑚亚纲（Octocorallia，即 Alcyonaria）、海鸡冠目（Alcyonacea），为海栖大群体，着生于海底。下通共肉，体软无中轴，有口道，各芽体在分枝上伸展时极美丽，有触手 8 个（图 3-8）。

3）柳珊瑚（*Gorgonia*）：属于八放珊瑚亚纲、柳珊瑚目（Gorgonacea），着生于海底，基部固着在石块或贝壳上。有角质状骨轴，轴外包以一薄层共肉，群体是扁平分枝，排列成一平面，黄白色（图 3-8）。

4）海鳃（*Pennatula*）：属于八放珊瑚亚纲、海鳃目（Pennatulacea），亦栖于海底石块上。虫体可分为羽茎（rachis）和柄（peduncle）两部分，分枝成角质羽状枝，枝上有水螅体，羽茎上有管状体（图 3-8）。

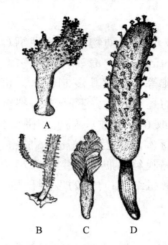

图 3-8　4 种珊瑚纲的代表动物(徐芳南，1958)

A. 海鸡冠；B. 柳珊瑚；C. 海鳃；D. 海仙人掌

　　5)海仙人掌(*Cavernularia*)：亦属于海鳃目，生活时栖于海滩的泥沙中，潮退时身体缩小，仅长 10cm，培养时可伸至 30cm，体圆筒形，柄部向下，顶部露出，夜间以手摩擦，可发强烈的磷光(图 3-8)。

【作业与思考】

　　1. 绘出水螅的外形和横切面图，注明各部分的名称。

　　2. 通过实验，观察总结腔肠动物的主要特征，并阐述它们在动物进化过程中的重要地位。

实验 4 涡虫及其他涡虫纲动物

【目的与要求】

    1. 通过对真涡虫外部形态的观察，了解扁形动物两侧对称、身体扁平等特征；

    2. 通过真涡虫横切装片的观察，了解扁形动物出现三胚层的主要意义；

    3. 观察涡虫纲的主要代表动物，了解它们之间的主要区别与联系。

【实验材料】

    1. 活体真涡虫：晴天的中午或午后到水流缓慢、水质干净的小溪流采集，翻开溪流底部石块即可采到。采集到的真涡虫应在实验室阴凉处培养于盛水的培养皿中，涡虫的培养可使用鸡蛋清或切碎的猪肝饲喂。培养时要保持培养皿内水质的洁净，每天投喂饵料前更换经沉淀的新鲜溪水或蒸馏水。

    2. 真涡虫整体装片与横切装片。

    3. 示范浸制标本：微口涡虫、土蛊、平角涡虫。

【用具与药品】

    显微镜、解剖镜、放大镜、培养皿、镊子、毛笔、载玻片、盖玻片、解剖针、滴管、吸水纸等。

【操作与观察】

    1. 活体观察

    涡虫的活体可用肉眼或在放大镜、解剖镜下观察。涡虫体扁平细长，全长10~15mm。背面稍突，呈灰褐色，前端三角形，两侧各有一耳突，头背面有两个黑色眼点；腹面平扁，白色，口位于腹面中部偏后的位置(离末端距离约为体长的1/3)，口后为咽囊，内含肌肉质的咽，咽可自咽囊伸出或缩入咽囊内，口后为一生殖孔，体表密生纤毛。

    2. 活体涡虫焰细胞的观察

    将涡虫饥饿数日后置于加少量水的载玻片上，加盖盖玻片后以解剖针轻压，使涡虫组织破碎外溢，静置片刻。置于显微镜下，用低倍镜观察，可见虫体两侧有许多不规则的光亮分支，选取清晰处转到高倍镜下观察，可见到焰细胞摆动的纤毛束与原肾管腔。

    3. 涡虫装片的观察

    (1)整体装片：可观察到以下器官

    消化系统：分口、咽及肠三部分。肠分三支，前肠一支，后肠两支，各支又分出许多侧枝(图 4-1)。

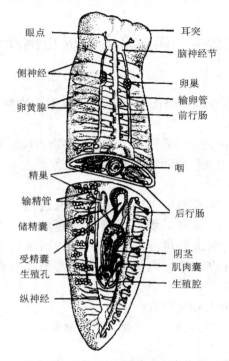

图 4-1　淡水涡虫的结构图（刘凌云和郑光美，1997）

　　排泄系统：体内两侧有两条弯曲的纵行排泄管，并有分枝，分枝末端为焰细胞，排泄孔开口于背面两侧（图 4-2）。

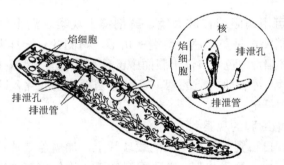

图 4-2　涡虫的排泄系统（刘凌云和郑光美，1997）

　　神经系统：包括由一对神经节构成的脑与两条神经索，索间由横神经连成梯状。

　　生殖系统：涡虫属雌雄同体。

　　雄性生殖系统：精巢位于身体两侧，多对。每个精巢通入一条输精小管，输精小管再汇合成一对输精管纵行于身体两侧。每条输精管后端膨大形成储精囊；

左右储精囊汇入肌肉质的阴茎，通入雄生殖腔。

雌性生殖系统：体前端两侧有卵巢一对，两卵巢各有一条输卵管向后行并收集卵黄腺产生的卵黄后汇合成阴道进入雌生殖腔，阴道开口于体后端的腹面。阴道前方有一对交配囊，在交配时用于储存对方的精子(图 4-1)。

(2)横切装片：主要观察其体壁结构(图 4-3)

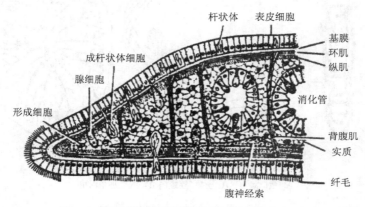

图 4-3　涡虫的横切图(刘凌云和郑光美，1997)

外胚层：由单层柱状表皮细胞构成。表皮细胞间杂生杆状体和腺细胞，腺细胞的细胞质呈颗粒状；腹面的表皮细胞具有纤毛。表皮细胞内是一薄层无细胞结构的基膜层。

中胚层：位于基膜层以内，包括肌肉层和实质组织。其中，肌肉层由外到内依次是环肌、斜肌与纵肌，涡虫还具有连接背腹面体壁的背腹肌(垂肌)，背腹肌使涡虫维持背腹扁平的形态。实质组织是填充于体壁与消化道之间的网状结构，含有许多黄色小泡状构造。实质组织用于储存养料与水分，无体腔。

内胚层：构成肠壁的单层上皮。

4. 示范

(1)微口涡虫(*Microstomum*)：属单肠目(Phabdocoelia)。淡水生活，体表具有刺细胞，虫体通过横分裂形成许多节体，第一节体具有纤毛窝，每个节体内有口和肠(图 4-4A)。

(2)土盅(*Bipalium*)：属三肠目(Tricladida)，即笋蛭涡虫，也叫陆涡虫，生活于阴湿的砖、石块下或土壤中，可长达 30cm (图 4-4B)。

(3)平角涡虫(*Planocera*)：属多肠目(Polycladida)，生活于潮间带石块下或海藻中，雌雄同体，体宽大、椭圆形，体长 30~40cm。淡黄色，背面有黑点。前端背面有一对一对触角，背面两侧具多个单眼。口位于腹面正中，经咽进入主肠道，主肠道分出许多侧支(图 4-4C)。

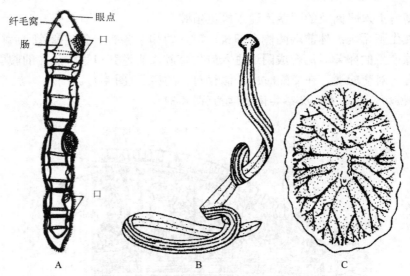

图 4-4　常见的涡虫(刘凌云和郑光美，1997)
A. 微口涡虫；B. 土盅(筝蛭涡虫)；C. 平角涡虫

【作业与思考】

　　1. 绘图

　　(1)绘制涡虫的全形图，并注明各部分名称。

　　(2)绘制涡虫横切图(一侧)，注明各部分名称。

　　2. 思考题

　　与腔肠动物比较，扁形动物的进化特征体现在哪里？

实验5　华枝睾吸虫和猪带绦虫

【目的与要求】

1. 通过实验，了解华枝睾吸虫和猪带绦虫的基本特征，以及由于适应寄生生活在形态结构上所引起的变化；

2. 掌握吸虫与绦虫纲的主要特征及生活史特点。

【实验材料】

1. 华枝睾吸虫整体装片，猪带绦虫(头节、成熟节片、妊娠节片)装片。若有条件，也可解剖猫，从其肝管与胆囊内取华枝睾吸虫进行麻醉、压片、固定与染色，封片后观察。

2. 示范装片：布氏姜片虫浸制标本及整体装片、肝片吸虫装片、日本血吸虫装片、牛带绦虫浸制标本及装片、纽虫浸制标本等。

【用具与药品】

显微镜、解剖镜、放大镜、培养皿、解剖器、酒精灯。

0.9%生理盐水、新鲜猪胆囊等。

【操作与观察】

1. 华枝睾吸虫整体装片观察

将华枝睾吸虫整体装片置于低倍镜下即可观察其外部形态与内部结构(图 5-1A)。

(1)外部形态

虫体扁长，柳叶状，后端宽而钝圆。前端有口位于口吸盘的中央。腹吸盘位于口吸盘后身体 1/5 处的腹面。若是活体，则体表淡红色，半透明，虫体大小为(10~25)mm×(3~5)mm。

(2)内部构造

1)消化系统

口：位于口吸盘中央。

咽：位于口吸盘后，咽壁富有肌肉，形成球形。

食道：为咽后的一段短管。

肠支：接于食道后，分两支沿体两侧伸向后部，无侧支，为盲管。

2)排泄系统

排泄管：为左右两条略有弯曲而多分支的管子，位于肠管外侧，二管在体后部汇合成排泄囊。

排泄囊：略微弯曲、粗大，以排泄孔由身体末端通向体外。

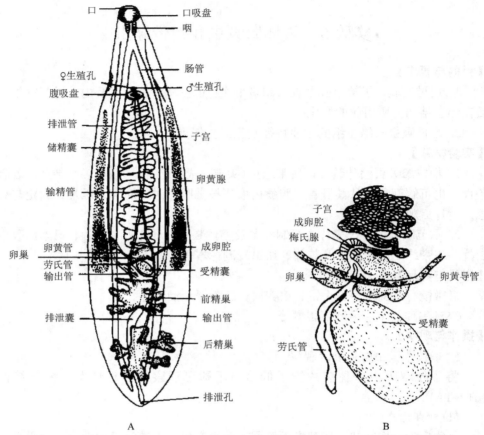

图 5-1　华枝睾吸虫内部结构（A）及生殖系统部分放大图（B）（刘凌云和郑光美，1997）

3）生殖系统

华枝睾吸虫雌雄同体，体内有雌、雄性生殖器官各一套。

雄性生殖器官：精巢一对，树枝状，呈前后排列，位于虫体后端，两个精巢约占体长的 1/3。每个精巢分别发出一条输精管，前行至中部时，两条输精管汇合为一条输精总管，再向前延伸膨大处为储精囊，储精囊通过腹吸盘前的雄性生殖孔开口于体外。

雌性生殖器官：卵巢一个，略呈三叶状，较小，位于精巢前的体中线处。由卵巢通出一条较短的输卵管经成卵腔进入子宫。受精囊位于卵巢后，紧靠卵巢，呈长圆形，位于卵巢之后。身体两侧有泡状卵黄腺，并有卵黄管通入输卵管，输卵管末端为卵壳腺围绕的成卵腔。劳氏管为受精囊之前由输卵管通体背的管子（劳氏管多认为是退化的阴道，已失去功能）。子宫盘曲迂回于卵巢和腹吸盘之间，内腔膨大，含大量卵，雌生殖孔开口于腹吸盘的前方（图 5-1B）。

2. 猪带绦虫节片及囊尾蚴虫观察

取猪带绦虫装片，在显微镜下依次观察。

1)头节：球形，顶突上有小钩25~50个，呈两轮排列。顶突下有4个圆形吸盘，对称着生于头节上，头节后为纤细不分节的颈部（图5-2A）。

2)成熟节片：每节片内具一套雌、雄生殖器官和纵、横排泄管，雌、雄生殖器官共同开口于体节侧面生殖孔。雄性生殖器官：精巢呈泡状，分布于节片两侧，由输精小管连接，再汇合于输精管，输精管通过储精囊延伸至体节侧缘的阴茎，由生殖孔通至体外。雌性生殖器官：卵巢由左右两大叶和中央一小叶组成，卵巢后端是卵黄腺。左右叶卵巢间往前突出的盲管状结构为子宫，内腔膨大。卵巢、子宫与卵黄腺以一管道通入成卵腔，成卵腔周围有梅氏腺包围。受精囊向侧缘横走形成阴道，阴道开口于生殖孔（图5-2B）。

3)妊娠节片(孕节片)：此节片长大于宽，其内充满多分枝的子宫，子宫里有很多受精卵。此节片在虫体后端随之断裂，脱落下来的节片随宿主粪便排出体外（图5-2C）。

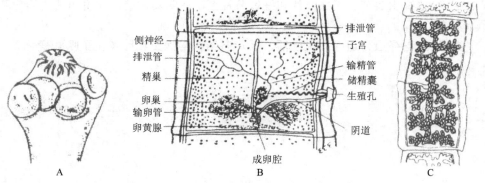

图 5-2　猪带绦虫(刘凌云和郑光美，1997)

A. 头节；B. 成熟节片；C. 妊娠节片

4)猪囊尾蚴：为圆形或卵圆形泡状囊，生活于猪体肌肉间结缔组织中。于放大镜下观察，为乳白色泡状体，其大小为 5mm×(8~10)mm，头节缩陷于囊内。用镊子从新鲜米猪肉中取出囊尾蚴置于 0.9%生理盐水中，加入适量猪胆汁(1/5)，微微加热不久，头节即翻出。

3. 示范：可依实验室条件示范装片或浸制标本

1)布氏姜片虫：为肠道吸虫，寄生于人、猪等小肠中，虫体长卵圆形，似蚕豆瓣，大小为(20~75)mm×(8~20)mm，是寄生于人体的最大吸虫，中间宿主为淡水产的扁卷螺。

2)肝片吸虫：主要寄生牛、羊的肝脏内，虫体为叶片状，头端锥形，称头椎。口位于前吸盘中央，腹吸盘位于体前端的腹面。精巢与盲肠多分枝，卵巢树枝状。

中间宿主为椎实螺。

3）日本血吸虫：为人体肝门静脉系统的寄生虫，我国南方水稻产区流行甚广。雌雄异体，雄体粗短，腹面有一条纵沟，称抱雌沟。雌体细长，雌雄常合抱一起。中间宿主为钉螺。

4）牛带绦虫：成虫寄生于人的小肠上部，与猪带绦虫在形态上有别。此虫头呈方形，无小钩，具圆形吸盘 4 个，对称着生，节片较猪带绦虫多。中间宿主为牛。

5）细粒棘球绦虫：成体只有 4 节片，全长 3~6mm，头节具小钩和吸盘，颈后只有一个成熟节片和一个妊娠节片。成虫寄生在犬、狼等动物的小肠中，中间宿主是人、牛、羊、猪等。

6）纽虫：属于纽形动物门，海产，虫体细长。口前有独特而能伸缩的吻，眼成团，位于前端。

【作业与思考】

1. 绘华枝睾吸虫整体图，并注明其构造。

2. 绘猪绦虫头节、成熟节片和妊娠节片图，注明其构造，并说明其生活史和预防措施。

3. 吸虫与绦虫为适应寄生生活，其形态结构与涡虫相比发生了哪些变化？

实验 6 蛔虫及其他线虫

【目的与要求】

1. 通过对蛔虫的外形观察和内部解剖，认识线虫动物(假体腔动物)的雌雄区别、消化系统等主要特征；

2. 显微镜下观察蛔虫横切玻片标本，了解三胚层动物中假体腔的结构特征，并掌握其皮肤肌肉囊的基本结构；

3. 了解其他几种线虫的形态结构和主要特征。

【实验材料】

猪蛔虫或马蛔虫浸制标本及横切面玻片标本；丝虫、十二指肠钩虫和旋毛虫整体装片。

【用具与药品】

显微镜、解剖镜、放大镜、解剖盘、尖头镊、解剖剪、解剖针、大头针、载玻片、盖玻片等。

【操作与观察】

1. 猪蛔虫

猪蛔虫(*Ascaris suum*)属线虫动物门(Nematoda)、尾感器纲(Phasmida)、蛔虫目(Ascaridida)。成虫寄生于猪的小肠内。

(1) 外形观察

取雌、雄蛔虫的浸制标本用清水冲洗、浸泡、除去药液后置蜡盘中，用肉眼和放大镜观察。

蛔虫身体细长，前端稍钝圆，后端稍尖。体表光滑，角质层上有许多细横纹(图 6-1)。在身体两侧有两条纵行的白色侧线。雌雄异体异形，雌虫长而粗，大小为(20~35) cm×(0.3~0.6) cm，生殖孔开口于体前端腹面约 1/3 处(图 6-2A)，腹面近体末端处有一横裂的肛门。雄虫短而细，大小为(15~30) cm×(0.2~0.5) cm，后端向腹面弯曲，生殖孔与肛门合一，常有两根几丁质的交合刺从泄殖腔孔中伸

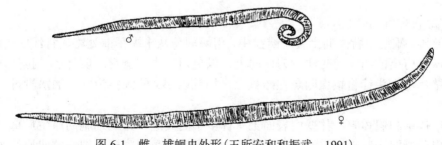

图 6-1 雌、雄蛔虫外形(王所安和和振武，1991)

出(图 6-2B)。用放大镜观察可见身体前端的口由三片瓣状结构的唇组成，背面的一个较大，称背唇，腹面的两个较小，称腹唇。解剖镜下可见背唇有两个感觉乳突，腹唇只有一个乳突(图 6-3)。腹面前端离腹唇 2mm 处有一个排泄孔，但有时不易观察到。

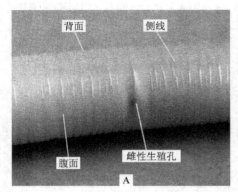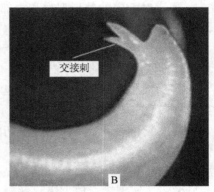

图 6-2　雌、雄蛔虫生殖器官(仿白庆笙等，2007)

A. 雌虫前段生殖孔开口处；B. 雄虫交接刺

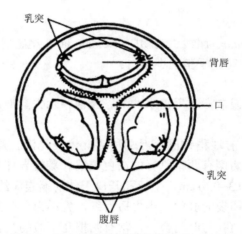

图 6-3　蛔虫前端(刘凌云和郑光美，2010)

(2) 内部解剖

取雌、雄蛔虫背面向上置于蜡盘中，用解剖剪从末端稍前处略偏背线的一侧，由后一直剪至前端，剪时注意刀口向上，以免损坏内部器官。剪开后，拉开两侧的体壁，用大头针将蛔虫固定在蜡盘上，插针以 45° 的倾斜为宜。加水没过，便于观察。

1) 体壁和假体腔：体壁内表面上有许多小的突起，为肌细胞的原生质部，从体壁内侧撕取一些组织，制作临时装片，显微镜下可观察到肌细胞的肌原纤维。

虫体两侧各有一条透明的侧线，背、腹面的正中央分别有背线和腹线。在体壁和肠道之间的空腔为假体腔。

2）消化系统：由口、咽、肠、直肠及肛门组成的长扁形的消化管。口在三个唇瓣中间，略呈三角形；后连接一肌肉质短管的咽，咽的后方为一根粗细相似的肠，肠的后段为直肠，两者之间的界限不明显。雌虫的直肠由肛门开口于体外，雄虫的直肠开口于泄殖腔。

3）排泄系统：排泄管两条，分别位于侧线中（详见横切面）。

4）生殖系统：假体腔中有许多粗细不一的白色管状物，缠绕在消化道周围，为生殖腺和生殖导管。小心用镊子进行分离观察。

雌性：双管型，由两条细长管状结构组成。前端游离最细部分为一对卵巢，每个卵巢分别连接一条较粗的输卵管，输卵管后较粗大的部分是子宫。两条子宫汇合成管状的阴道，末端以雌性生殖孔开口于身体前端腹面 1/3 处（图 6-4）。

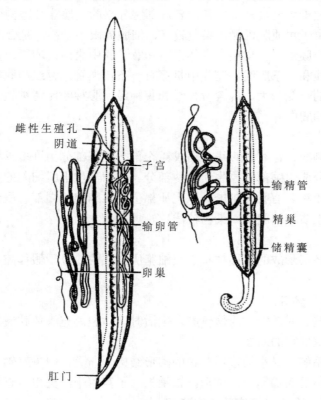

图 6-4　蛔虫的生殖器官（吴观陵，2005）

雄性：单管型，由一条细长管状结构组成。前端游离最细部分为精巢，其后较粗的部分为输精管，最粗大的一段为储精囊，储精囊末端连接细直的射精管，其末端的雄性生殖孔开口于泄殖腔中(图 6-4)。泄殖腔背侧有交合刺囊，内有交合刺，可在肌肉的控制下由泄殖腔孔伸出体外(图 6-5)。

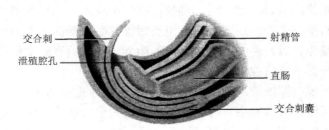

图 6-5　雄蛔虫末端剖面模式图(刘凌云和郑光美，1997)

(3)横切面玻片标本观察(图 6-6 和图 6-7)

1)外胚层

角质层：位于体壁最外层，是由表皮细胞分泌的一层非细胞构造的膜。

上皮层：位于角质膜内侧，染色较深，细胞界限不分明，是合胞体结构。

侧线和背、腹线：上皮层在身体左右和背、腹中央向内增厚，分别形成两条侧线、一条背线和一条腹线。侧线中贯穿有一条排泄管；背线和腹线较细，二者在靠近假体腔的一侧膨大，内含背神经和腹神经，腹神经比背神经粗，依此可区分切面的背面和腹面。

2)肌肉层

较厚，被侧线、背线和腹线分隔成 4 个部分，每部分由许多纵肌细胞组成，每个纵肌细胞分成收缩部和原生质部两部分。收缩部位于肌细胞的基部，含横行肌纤维，染色较深，有收缩机能。原生质部位于肌细胞的端部，呈泡状，伸入假体腔，内含原生质和细胞核，染色较浅。

3)内胚层

肠是由内胚层形成的单层柱状上皮细胞所组成的，位于假体腔中央，为一扁形管道。

4)假体腔(原体腔)

体壁和肠壁之间的空腔为假体腔，生活时，体腔内充满体腔液。横切面的体腔内有许多生殖器官的断面。

雌性生殖系统：最小的形似车轮的圆形结构为卵巢，中央有轴，卵原细胞辐射状排列。较粗的为输卵管，圆形，轴消失。子宫两个，更粗，直径常超过假体腔的 1/3，圆形，有明显的空腔，内含卵。

雄性生殖系统：精巢圆形，管径最小，染色深，内有很多发育程度不同的精细胞。输精管较粗，精子在内排列不很紧密，有一些空腔。储精囊一个，更粗，直径常超过假体腔的 1/3，壁比较厚，含条形精子。

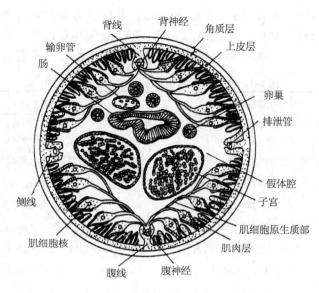

图 6-6　雌蛔虫横切面(刘凌云和郑光美，2010)

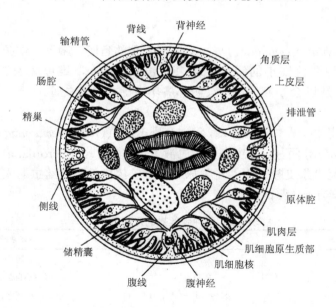

图 6-7　雄蛔虫横切面(刘凌云和郑光美，2010)

2. 其他线虫的整体装片

(1)钩虫

钩虫成虫寄生于人体小肠的上段，主要有两种，即十二指肠钩虫(*Ancylostoma*

duodenale) 和美洲钩虫 (Necator americanus)，我国北方以前者为主，南方多感染后者。头端略向背面仰曲，形似钩，故名。可引起慢性贫血病，钩虫病为我国五大寄生虫病之一。十二指肠钩虫与美洲钩虫的形态鉴别要点见表 6-1。

表 6-1　十二指肠钩虫与美洲钩虫的形态鉴别

	十二指肠钩虫	美洲钩虫
大小/mm	♀：(10~13)×0.6 ♂：(8~11)×(0.4~0.5)	(9~11)×0.4 (7~9)×0.3
体形	前端与后端均向背面弯曲，体呈 "C" 形	前端向背面仰曲，后端向腹面弯曲，体呈 "S" 形
口囊	腹侧前缘有两对钩齿	腹侧前缘有一对板齿
交合伞	撑开时略呈圆形	撑开时略呈扁圆形
背辐肋	远端分两支，每支两分三小支	基部先分两支，每支远端再分两小支
交合刺	两刺呈长鬃状，末端分开	一刺末端呈钩状，常包套于另一刺的凹槽内
阴门	位于体中部略后	位于体中部略前
尾刺	有	无

（2）蛲虫

蛲虫 (Enterbius vermicularis) 成虫寄生于人体的盲肠、阑尾、结肠、直肠及回肠下段，是一种白色细小的线虫，雌虫体长 8~13mm，雄虫体长 2~5mm，外观很像线头，是以会引起肛门、会阴部瘙痒为特点的蛲虫病。

（3）丝虫

丝虫成虫寄生于人体淋巴管内，我国有班氏丝虫 (Wuchereria bancrofti) 和马来丝虫 (Brugia malayi) 两种，幼虫寄生于血液中，称微丝蚴 (microfilaria)。丝虫病由蚊虫传播，引起"象皮肿"和"乳糜尿"。班氏丝虫与马来丝虫的成虫形态相似而微丝蚴有显著不同（表 6-2）。

表 6-2　两种微丝蚴的形态区别

区别点	班氏微丝蚴	马来微丝蚴
大小	较大	较小
体态	弯曲自然，柔和	弯曲不自然，僵直
头间隙	较短，长短之比为 1∶1	较长，长宽之比为 2∶1
体核	大小相等，粒粒可数	大小不等，密集不易数清
尾核	无	有 2 个

（4）旋毛虫

旋毛虫 (Trichinella spiralis) 成虫寄生在人、猪、鼠十二指肠及空肠前部，成虫体小，雌虫长 3~4mm，雄虫不及 2mm。幼虫胎生，长 100μm，经血液、淋巴分布到全身，只有在横纹肌中才继续发育，形成胞囊，人因食入含有旋毛虫囊包的生哺乳动物(主要为猪)肉而染病。幼虫经 4 次脱皮发育为成虫。

【作业与思考】

　　1. 将蛔虫解剖后，描述其内部器官结构名称，由教师检查评分。

　　2. 绘制蛔虫的横切面图，并标注各部分结构名称。

　　3. 蛔虫的哪些特征代表线虫纲的主要特征？

实验 7　环毛蚓及其他环节动物

【目的与要求】

1. 以环毛蚓为代表动物，了解环节动物门的主要特征；
2. 认识环节动物其他各纲代表动物及其在形态结构上的适应性特化。

【实验材料】

1. 成熟的环毛蚓活体或浸制标本、横切玻片标本、生殖系统浸制标本、结构模型。
2. 沙蚕、颤蚓、金钱蛭、螠虫、方格星虫等新鲜或浸制标本。

【用具与药品】

显微镜、解剖镜、放大镜、解剖盘、尖头镊、解剖剪、解剖针、大头针、玻璃培养皿(缸)、纱布、滴管、吸水纸；乙醚等。

【操作与观察】

1. 环毛蚓的外形观察

环毛蚓(*Pheretima aspergillum*)属寡毛纲(Oligochaeta)、后孔寡毛目(Opisthopora)、巨蚓科(Megascolecidae)，为一种常见的陆生环节动物，生活在土壤中，昼伏夜出。

将活的环毛蚓置于蜡盘中，观察其外部形态。若为浸制标本，应以清水冲洗、浸泡，以除去药液，在解剖镜(或放大镜)下进行观察(图 7-1)。

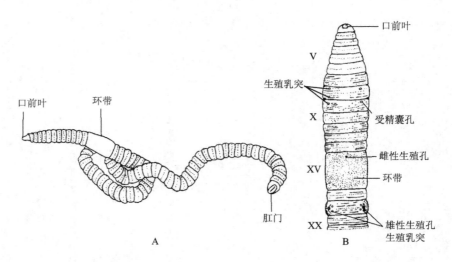

图 7-1　环毛蚓的外形(A)及体前部分腹面观(B)(A 王所安和振武，1991；
B 仿陈义，1956)

(1)外形

两头略尖,长柱状,由许多环节组成。环节之间有节间沟,每节上又有浅环纹,各节中央环上有一圈刚毛。用手轻轻抚摸环毛蚓,向前和向后抚摸的感觉有何不同?为什么?将活的环毛蚓放在装有土的玻璃缸中,观察其运动方式,结合对刚毛毛向的了解,思考刚毛的作用和环毛蚓的运动方式。

(2)前端

在第 14~16 节有棕红色表皮层加厚的环带(生殖带),此端即为前端。环带上有无刚毛?环带有何功能?(有些标本的环带没有加厚,该处体色与其他部位不同)。体前端第 1 节为围口节,其中间是口,口的背侧一肉质的突出部分称口前叶,取食时口前叶常伸于口前。

(3)后端

后端即无环带的一端,末端纵裂状开口为肛门。

(4)背面

体色深暗的一面即背面。除前几节外,背中线上每节间沟处有背孔,背孔的起始位置因种类而异。用纱布将环毛蚓背面擦干后,以手指轻轻捏压其体两侧(最好轻捏身体后部的体节,以免损伤重要器官,影响后面观察),可见液体自节间沟背中线处冒出,此处即背孔。背孔中冒出的液体是什么?有何作用?

(5)腹面

体色较浅的一面即腹面,在 6/7、7/8、8/9 节间沟的腹面两侧有受精囊孔 2~3 对(不同种类受精囊孔的数目有差异)。第 14 节(环带所在的第 1 个体节)腹中线上有 1 个雌性生殖孔,第 18 节腹面两侧各有 1 个雄性生殖孔。在受精囊孔与雄性生殖孔的附近常有小而圆的生殖乳突。

2. 环毛蚓的内部解剖

用乙醚进行麻醉后,将环毛蚓背朝上,用解剖剪沿略偏背中线处(以避开背血管),从身体的 1/3 处由后向前全部剪开,再用大头针每隔一寸,将体壁向两旁拉开插入蜡盘内,插时大头针须稍倾斜,且交错排列,再用解剖刀或解剖针轻轻沿体壁内缘将隔膜分离,然后加少量水湿润标本,以免干燥萎缩,观察各部结构。

剪开环毛蚓体壁时,刀尖应微上翘,以防戳破消化管壁使其内泥沙外溢而影响观察。精巢囊、卵巢、卵漏斗等位于身体腹面,紧贴神经索两侧,较难观察,故应细心切断隔膜(特别是体前部肌肉质很厚的隔膜)与体壁之间的联系。

请对照模式图(图 7-2),进行局部观察。

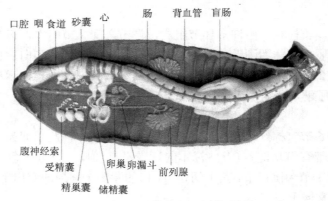

图 7-2　环毛蚓内部解剖模式图

（1）隔膜

在体腔中相当于外面节间沟处有一层膜即隔膜，将体腔分隔成许多小室。前10 节为肌肉质，有什么作用？

（2）消化系统

消化系统为一直管，可分为口、食道、嗉囊、砂囊、胃、肠等。

口、口腔：（位于第 1~3 节内）在体前端。

咽：（位于第 4~5 节内）椭圆形，肌肉较发达，硬且有弹性。

食管：（位于第 6~8 节内）长形。

嗉囊：（位于第 9 节前部）不明显。

砂囊：（位于第 9~10 节内）球状或桶状，肌肉质发达，用以研磨食物。

胃：（位于第 11~14 节内）细长管状，常被生殖器官掩盖。

肠：自第 15 节向后均为肠，直通末端肛门。

盲肠：一对。在第 26 节由肠的两侧向前伸出的锥状或分支状盲管，能分泌消化液以帮助消化。

（3）循环系统

闭管式循环系统，血液中含血红素，故血管呈黑红色。

背血管：位于肠的背面正中央一条紫黑色的细线，是一条由后向前的血管。

腹血管：肠腹面的一条略细的血管，观察时需将肠轻轻翻起。由前向后行，从第 10 节起有分支到体壁上。

心脏：连接背、腹血管的半环形管，共 4 对，分别在第 7、9、12 及 13 节内。心脏数目及所在位置存在变异。

食管侧血管：一对较细的血管，位于体前端消化管两侧。向后行至第 15 节时，左右两支向下绕过消化道和腹神经索愈合为一条神经下血管。

神经下血管：一条很细的血管，观察时移开肠，挑起白色的腹神经索可见。

（4）生殖系统：雌雄同体（图 7-3）

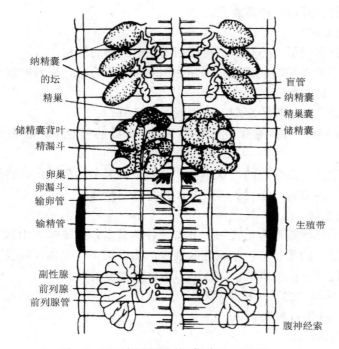

纳精囊
的坛
精巢

储精囊背叶
精漏斗

卵巢
卵漏斗
输卵管

输精管

副性腺
前列腺
前列腺管

盲管
纳精囊
精巢囊
储精囊

生殖带

腹神经索

图 7-3　环毛蚓生殖系统（仿陈义，1956）

1）雄性

精巢囊：2 对，位于第 10 和第 11 节内，白色圆球状。每囊包含 1 个精巢和 1 个精漏斗。用解剖针挑破精巢囊，用流水冲去囊内物质，在解剖镜下可见囊前方内壁上有一小白点状物，此即精巢；囊内后方皱纹状的结构即精漏斗，由此向后与输精管相通。

储精囊：2 对，位于第 11 和第 12 节内，紧接在精巢囊之后，大而明显，呈不规则分叶状，自然状态下包围着胃。

输精管：细线状，每侧的前、后精巢囊向外侧各发出 1 条细小的输精管，同侧的 2 条输精管在 12 体节后汇合成 1 条，向后通到第 18 节处，与前列腺管汇合，由雄性生殖孔通出体外。

前列腺：1 对，浅肉色或白色分叶状，位于第 18 节及其前后的几节内。

2）雌性

卵巢：1 对，呈絮球状，位于第 13 节的前缘，紧贴于 12/13 节隔膜之后方、腹神经索的两侧。

卵漏斗：1 对，卵巢后方，在 13/14 节隔膜之前、腹神经索的两侧，呈皱纹状。

输卵管：1 对，极短，在第 14 节内会合后，由雌性生殖孔通出体外。

纳精囊：2~3 对，分别位于 7~9 节内。每一纳精囊由主体和盲管组成，主体又分坛及坛管，开口于纳精囊孔。

（5）神经系统

用解剖针和镊子小心剥除口腔和咽周围的肌肉后观察。

脑：位于第 3 节咽的背面，由左右围咽神经汇合成，呈双叶状，并有神经分支到口前叶、口腔壁。

围咽神经：位于脑的两侧，稍膨大的神经节。

咽下神经节：两侧围咽神经在咽下方会合处的神经节，除去消化道前端即可见。

腹神经索：一条白色的链状结构，由咽下神经节向后通出，将消化道轻轻推向一边可见，各节有一膨大的神经节，并有分支至体壁。

（6）排泄系统

环毛蚓的排泄器官为后肾管，分布在各体节内，数量多。用镊子撕取体壁、环隔膜或肠壁上的絮状物，制成临时装片，显微镜下可见体腔隔膜上有漏斗状的肾口，后接迂回弯曲的肾管，以及开口于体壁腹侧的肾孔。

3. 环毛蚓横切面玻片标本观察

参照图 7-4 进行观察。

（1）外胚层

角质膜：为体表最外面的一层非细胞构造的薄膜，由表皮细胞分泌而成。

表皮层：位于角质膜之下，由单层柱状细胞组成，其中还有少数腺细胞和感觉细胞。

（2）中胚层

体壁中胚层：在表皮层之内，与表皮层共同组成体壁。外层为环肌，为环列的薄层肌肉组织。纵肌位于环肌之内，为纵列的厚层肌肉组织。紧贴在纵肌之内的是一层薄而扁的细胞组成的体腔膜，但不易分清。在有的切片上，还能看到略透明、淡黄色的刚毛自体壁伸出体表。

脏壁中胚层：与肠上皮共同组成肠壁。紧贴肠上皮的为环肌层，很薄。在环肌层之外为纵肌层，需要在高倍镜下仔细寻找才可以看清肌纤维的断面。在纵肌层外的一层细胞是脏体腔膜，也称黄色细胞，细胞界限明显。在肠的背面有凹陷的纵沟，即盲道，以增加消化和吸收的面积，可依此区分蚯蚓横切面的背腹方位。

（3）体腔

体腔为体壁和肠壁之间的空腔。在体腔内可观察到以下结构。

背血管：位于消化道背面中央、盲道的上方，背血管壁四周亦有黄色细胞。

腹血管：位于消化道的腹面，以系膜与肠相连。

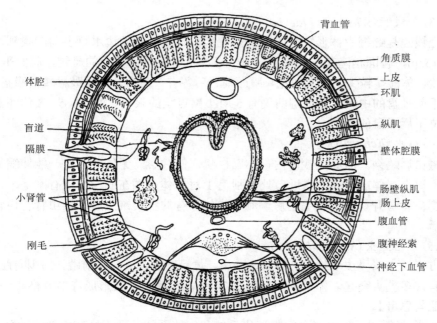

图 7-4　环毛蚓横切面(南京师院生物系，1961)

腹神经索：实心，位于腹血管下方。

神经下血管：在腹神经索的下面，非常细小。

肾管：因切片关系仅能在少数标本中见到。肾管位于肠的两侧，为弯曲的管子，显示为许多无序排列的组织。

(4) 内胚层

组成肠内膜的一层较厚的柱状上皮细胞。

4. 其他环节动物标本观察

(1) 沙蚕(*Nereis*)

沙蚕属多毛纲。海产，自由生活，身体分节，头部由口前叶和围口节组成；口前叶上有口前触手和触须各 1 对，眼 2 对；围口节腹面为口，有 4 对丝状的围口触手。咽完全翻出时，可见前端有 1 对大的几丁质颚，咽背面有很多细齿。头部以后每节两侧各有 1 个扁平的疣足，疣足分背、腹肢，各有 1 根针毛和 1 束刚毛；背、腹肢的上、下各有一背、腹须。身体末节为肛节，其腹须特化成 1 对长的肛门须。

(2) 颤蚓(*Tubifex*)

颤蚓属寡毛纲。生活于淡水，体微红，腹刚毛每束 3~6 条，背刚毛每束有发状毛和针状毛各 2~4 条。环带在第 9~12 节。雄孔 1 对，在第 11 节；雌孔 1 对，在 11/12 节间沟上；受精囊孔 1 对，在第 10 节腹刚毛之前。

（3）金钱蛭（*Whitmania laevis*）

金钱蛭是蛭纲中体形较大的一种。在水田、池塘及湖边水草上均能找到。体长约 15cm，背面稍隆起，棕褐色，有 5 条黑色且间有淡黄色的斑纹。腹面平坦，色较浅。体前端较尖，后端较宽，腹面前、后各有一吸盘，但后吸盘较前吸盘大，口位于前吸盘的中央。体前端两侧有 5 对小黑点状的眼（1、2、3、5、8 体环上）。肛门位于后吸盘的背面。

（4）螠虫（*Echiurus*）

螠虫属螠纲。居海边沙滩内，体圆柱状，似甘薯，无体节，有一能伸缩的短吻悬于口上。体前端腹面靠近口处有刚毛 1 对；体后端在肛门周围有刚毛，排成 1~2 圈；肾管开口在前刚毛之后。雌雄异体，有的种类雄虫居于雌虫肾管内营寄生生活。

（5）方格星虫（*Sipunculus nudus*）

方格星虫属星虫动物门。居海边沙中，体呈圆柱状。口在前端，周围有触手，附近有许多乳头突起。体壁表面有纵肌 20 条，与横纹交叉形成许多方格。

【作业与思考】

1. 将解剖至最后保留有完整消化系统和生殖系统的环蚯蚓交由教师评分。

2. 绘图

（1）绘环毛蚓前端 20 节外形腹面图，注明各部名称。

（2）绘环毛蚓 1/2 横切面图，注明各部名称。

3. 试述蚯蚓在构造上有哪些地方比蛔虫复杂？为什么说环节动物是高等无脊椎动物？

实验 8　沙蚕及其他多毛纲动物

【目的与要求】

1. 以沙蚕为环节动物门多毛纲的代表，观察它的外形和内部构造，借以了解多毛纲动物形态和结构上的特征；

2. 观察其他多毛纲动物，了解它们在结构上与生活环境相适应的特点。

【实验材料】

日本沙蚕浸制标本、横切装片，几种多毛纲动物的浸制标本。

【用具与药品】

显微镜、放大镜、解剖刀、解剖剪、镊子、蜡盘、大头针。

【操作与观察】

置沙蚕于蜡盘内，加水少许，用放大镜观察其外形，并解剖之。解剖时，自背面用刀剖开，用大头针每隔 3cm 将体壁固定于蜡盘上，并常润湿，以免干燥。另取疣足玻片标本(或自浸制标本上直接取下)在显微镜下观察。

日本沙蚕(*Nereis japonica*)属于环节动物门(Annelida)、多毛纲(Polychaeta)、游走目(Errantia)、沙蚕科(Nereididae)，居于海边沙中，交尾时则于月夜成群在海水中游泳。

(1)外形：沙蚕(图 8-1A)身体分节

1)头部

① 口前叶(prostomium)：三角形，背部有下列构造(图 8-1B)。

A. 口前叶触手：一对很长，前端稍尖的触手。

B. 触条：在口前触手之外侧短粗的附属物，每一触条顶部较细，可缩入下方较大部分。

C. 眼：近触条的中部背面的 4 个黑褐色小点。

② 围口节(prestomium)：在口前叶后的一环节(图 8-1B)。

A. 口：围口节腹面横裂形之口，它可以自由翻出，其上有颚和小齿，但缩入时则不能看到，颚成钳状，几丁质，黑色，颚缘有锯齿。小齿数很多，形小，亦几丁质，黑褐色。

B. 围口节触手：围口节每侧有 4 条细触手，司感觉。

2)躯干：由很多体节组成，每节有疣足一对，长于两侧，末节的一对较长。

① 疣足(parapodium)：自沙蚕取下疣足放在载玻片上，加一滴水，在低倍镜下观察(图 8-1B)

背肢(notopodium)：为疣足背面的二叶。

腹肢(neuropodium)：为疣足腹面的二叶。

背须和腹须：为背肢上方与腹肢下方的附属物。

刚毛(setae)：在疣足的背腹肢上各有一束细短几丁质的刚毛。

生毛囊(setigerous sac)：成束的刚毛位于刚毛囊内。

刺毛：在背腹肢中各有一条直的、黑色坚硬的刺。

② 肛节：为身体最后一节，末端有肛门开口，其腹须特别延长，形成一对长的肛门须。

③ 排泄孔：在每疣足的腹侧，有一个很小的排泄孔。

(2)沙蚕的内部构造(图 8-1C)

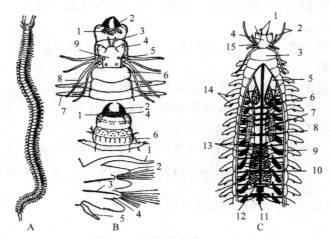

图 8-1　沙蚕(徐芃南，1958)

A. 沙蚕的外形；B. 沙蚕头部背面观、腹面观，口腔翻出(1. 小齿，2. 颚，3. 口前叶触手，4. 触条，5. 眼，6. 围口节，7. 疣足，8. 围口节触手，9. 口前叶)，疣足(1. 背须，2. 背肢，3. 刚毛，4. 腹肢，5. 腹须，6. 刚毛)；C. 沙蚕的解剖(1. 围口节触手，2. 围口节，3. 疣足，4. 咽，5. 颚，6. 食道，7. 肠，8. 肾，9. 腹神经索，10. 腹血管，11. 背血管，12. 食道腺，13. 口前叶触手，14. 触手，15. 口前叶)

1)消化系统：口腔与咽头可翻出和缩入，咽头后侧有一对坚强的颚，咽后为食管，两侧有一对食管腺，食道后为粗大的胃、肠和直肠，开口于肛门。

2)循环系统：在消化道背腹面有背血管和腹血管，二者在每节有两对横血管相连。

3)排泄器官：每节有一对肾管。

4)神经系统：在咽的背面有二叶的脑，两侧为围咽神经，接腹面的咽下神经节，往后接一腹神经索，每节有成对愈合的神经节。

5)生殖系统：雌雄异体，雄体在 19~25 节有精巢一对，由肾管排出，雌体每节有卵巢，在背侧临时开口排出。

(3) 沙蚕横切片的观察 (图 8-2)

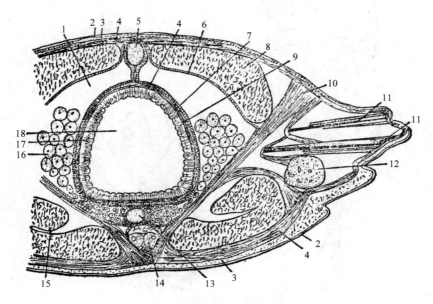

图 8-2　沙蚕的横切 (徐芃南，1958)

1. 体腔；2. 角质膜；3. 表皮；4. 环肌；5. 背血管；6. 壁体腔膜；7. 脏体腔膜；8. 背纵肌；9. 纵肌；10. 斜肌；11. 足刺；12. 肾管；13. 腹血管；14. 神经索；15. 腹纵肌；16. 卵巢；17. 肠上皮；18. 肠腔

1) 由外胚层形成：角质膜、表皮、基底膜和神经。

2) 由中胚层形成：体壁肌肉包括环肌、纵肌四束和侧腹面间的斜肌。体腔膜 (peritoneum) 分成体壁和肠壁体腔膜，两者之间的为体腔。肠壁肌肉分纵肌和环肌。

3) 由内胚层形成：肠上皮细胞。

(4) 其他多毛纲动物的观察

1) 磷沙蚕 (*Chaetopterus variopedatus*)：居海边沙滩中，有 60cm 长的 "U" 形管，两端开口，露出地面，相距 20cm。咽不能翻出，只有后部有疣足，体长 26cm，可分三部，前部扁平，两侧分出 9 对突起，中部 5 个体节，其最前的体节，两侧有翼状突起，后部约有 40 个体节，夜间盛放磷光，俗名海龙 (图 8-3A 和图 8-3B)。

2) 沙蠋 (*Arenicola*)：居于海边沙滩内，有淡褐色的细沙堆积沙面，附近常有卵囊。虫的前段钝圆，口前叶和围口节相合，体呈圆锥状。前端较后端粗，有光滑的吻。体的分节不明显，但有环纹，有 21 个生毛囊节，前 8 节，中 13 节，后部缺，疣足不明显。第 1 对背肢和腹肢在第 5 节上，第 2 对背肢和腹肢在第 7 节上，第 3 对背肢和腹肢在第 9 节上，第 4 对背肢和腹肢在第 5 节上，第 5 对背肢和腹肢在第 17 节上，中部每背肢和腹肢所在的地方有分支的鳃 (图 8-3C)。

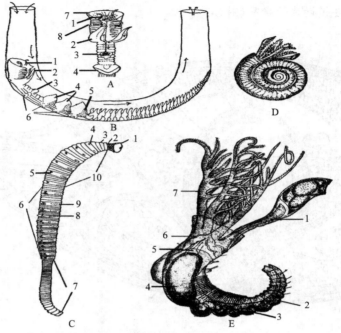

图 8-3　多毛纲的代表动物（徐芳南，1958）

A 和 B. 磷沙蚕（A. 前端背面；B. 管居情况。1. 触手，2. 摄食食物的背足，3. 形成食物球的器官，4. 翼，5. 翼的肌肉，6. 腹足形成的吸盘，7. 围口领，8. 第 4 对生毛节）；C. 沙蠋（1. 咽，2. 口前叶，3. 围口节，4. 第 1 无毛节，5. 背足，6. 体中部，7. 体后部，8. 鳃，9. 腹足，10. 体前部）；D 和 E. 螺旋虫（D. 壳居情况；E. 全形侧面观。1. 厣，2. 精巢，3. 卵，4. 胃，5. 食道，6. 前肾，7. 鳃）

3）螺旋虫（*Spirobis*）：附生于岩石、贝壳或海藻（如海带，海粉皮等）上，多时使海藻枯死。虫体有钙质扁的蜗牛状管，有 6 条羽状鳃丝，厣的外端有育儿囊，内有胚胎，肾管在前段，雌雄同体（图 8-3D 和图 8-3E）。

【作业与思考】

1. 绘一沙蚕头端背面图，注明各部分名称；或绘一沙蚕疣足图，注明各部分名称。

2. 通过实验观察总结多毛纲动物的主要特征，探讨多毛纲动物因适应不同生活环境及头部和疣足的变异情况。

实验 9　河蚌及其他双壳纲动物

【目的与要求】

1. 通过对河蚌外形及内部结构的观察，了解软体动物双壳类的一般结构特征及其与生活方式相适应的特点；
2. 认识一些常见和重要的经济种类。

【实验材料】

活体及浸制河蚌标本，文蛤新鲜标本，常见和重要的经济种类标本。

【用具与药品】

显微镜、解剖镜、放大镜、蜡盘、解剖器械、墨水和滴管等。

【操作与观察】

1. 运动及外形的观察

在安静无振动的情况下，观察生活在培养缸中河蚌(*Anodonta*)的运动(肉足伸缩)情形。振动培养缸或用镊子轻触，可见河蚌肉足收缩、双壳紧闭。在河蚌的后端用吸管轻轻注入数滴稀释的墨水，观察墨水被近腹侧的入水管吸入并由背方的出水管排出。

壳左右两瓣，等大，前端钝圆，后端稍尖。两壳铰合的一面为背面，分离的一面为腹面。判断贝壳左右的方位：手持贝壳，壳顶朝上，前端朝前、后端向后，则左边的为左壳，右边的为右壳(图 9-1)。

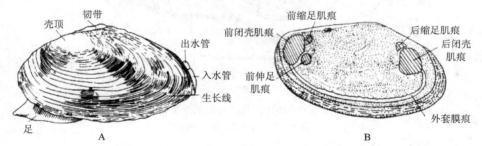

图 9-1　河蚌的形态(刘凌云和郑光美，1997)

A. 外形；B. 右壳的内面观，示肌痕

1) 壳顶：壳背面隆起的部分，略偏向前端。借此也可判断前后端。
2) 生长线：壳表面以壳顶为中心，与壳的腹面边缘相平行的弧线，可用以判断河蚌的年龄。
3) 韧带：角质，褐色，具韧性，为左右两壳背面相关联的部分。

2. 内部解剖

解剖时左手持河蚌(使其左壳向上)，用手术刀柄自两壳腹面中间合缝处平行插入，扭转刀柄，将壳稍撑开，然后用镊子柄取代刀柄，以刀柄将左壳内表面紧贴贝壳的皮肤皱褶轻轻分离，取出手术刀，以刀锋紧贴贝壳切断在前后缘处的前后闭壳肌，壳即打开。取下左壳，进行下列观察(图 9-2)。

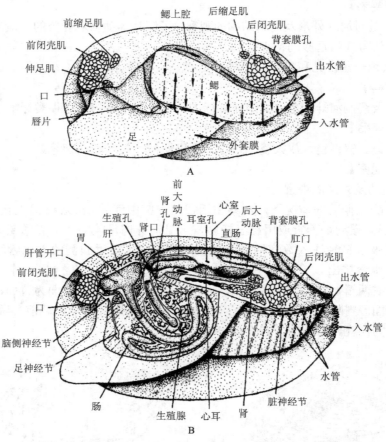

图 9-2　河蚌的结构(刘凌云和郑光美，1997)
A. 除去左壳和外套膜；B. 内部结构

(1)肌肉(将软体部分的肌肉和贝壳内的肌痕对应起来观察)

1)闭壳肌：在体前后端各有一大型横向肌肉柱，即为前闭壳肌和后闭壳肌，壳内面留有相应的肌痕。

2)伸足肌：为紧贴前闭壳肌内侧腹方的一小束肌肉，壳内面留有相应的肌痕。

3)缩足肌：为前后闭壳肌内侧背方的一小束肌肉，壳内面留有相应的肌痕。

(2)外套膜和外套腔

紧贴壳内面两片透明薄膜状的结构，背面相连，腹面分离。两外套膜紧贴围成的空腔为外套腔。

(3) 外套线

壳内面跨于前后闭壳肌痕之间，靠近贝壳腹缘的弧形痕迹，是外套膜边缘附着留下的痕迹。

(4) 入水管和出水管

外套膜的后缘部分愈合形成两个短管状的结构，腹面的为入水管，边缘有感觉乳突；背面的为出水管，边缘光滑。

(5) 足

足位于两外套膜之间，斧状，富有肌肉。

(6) 器官和系统

1) 循环系统。

① 围心腔：在内脏团背侧靠后端，有一透明的围心腔膜所包围的空腔即围心腔。透过围心腔膜可观察到心脏规律性的跳动，计算其心跳频率。

② 心脏：位于围心腔内，由一个心室、两个心耳组成。心室为一长圆形富有肌肉的囊，能收缩，直肠贯穿其中。在心室下方左右两侧各有一个三角形的薄壁囊为心耳，用镊子轻轻撕开围心腔膜即可见。

③ 动脉干：由心室发出的血管。由直肠的背方向前走者为前大动脉，沿直肠腹方向后者为后大动脉。

2) 呼吸系统：鳃位于足的后方、内脏团的两侧。

① 瓣鳃：将外套膜向背方揭起并剪去，可见足与外套膜之间有两个瓣状的鳃即瓣鳃，靠近外侧的一片为外鳃瓣，靠近里侧的一片为内鳃瓣，外鳃瓣小于内鳃瓣。用刀片从活体河蚌切取一薄片鳃瓣，制成临时装片，放在显微镜下观察。

② 鳃小瓣：每一鳃瓣由内、外鳃小瓣组成。两鳃小瓣在腹缘及前、后缘彼此愈合，中间则有瓣间隔把它们彼此分开。

③ 瓣间隔：连接两鳃小瓣的垂直隔膜，把鳃小瓣之间的空腔分隔成许多鳃水管。

④ 鳃丝：为鳃小瓣上许多背腹纵行排列的细丝。

⑤ 丝间隔：为鳃丝间相连的部分，其间分布有许多鳃小孔，水由此进入鳃水管。

⑥ 鳃上腔：为鳃小瓣之间背方的空腔，来自鳃水管的水流经鳃上腔向后自出水管排出。

有的雌蚌外鳃瓣特别肥大，这是因为外鳃瓣的鳃腔也是其受精和受精卵发育成幼体的场所。取一滴内容物在显微镜下观察，可能看到其特有的钩介幼虫。

3) 排泄系统：由肾脏和围心腔腺组成。

① 肾脏：一对，位于围心腔腹面左右两侧，由肾体及膀胱构成，沿着鳃的上缘剪除外套膜及鳃即可见到。

肾体：紧贴于鳃上腔上方，呈黑褐色，海绵状，前端以肾口开口于围心腔前端腹面，可用解剖针通探观察。

膀胱：位于肾体的背面，壁薄，末端有肾孔，开口于内鳃瓣的鳃上腔，与生殖孔靠近，位于其前上方。

② 围心腔腺（凯伯尔氏器）：位于围心腔前端两侧，分支状，略呈黄褐色。

4）生殖系：雌雄异体。

生殖腺位于内脏团内、肠的周围，用镊子撕开内脏团的外表组织，可见葡萄状的腺体，精巢为白色，卵巢为黄色。左右生殖腺各以生殖孔开口于内鳃瓣的鳃上腔内肾孔的后下方。

吸取少量生殖腺制成临时装片，置于显微镜下观察生殖细胞的形态，据此可鉴别雌雄。

5）消化系：用刀片从足的端部正中剖开足及相连的内脏团，依次观察各器官。

① 口：位于前闭壳肌腹侧。横裂缝状，口两侧各有两片内外排列的三角形唇瓣，其表面具纤毛。

② 食管：口后的短管。

③ 胃：食管后的一个膨大的囊。胃与肠交界处突出胃壁之外有一棒状的晶杆囊，囊中有半透明凝胶状的晶杆（晶杆有何作用？）。

④ 肝：包围在胃四周的黄绿色腺体。

⑤ 肠：胃后的细长管状部分，盘曲折行于内脏团内，生殖腺包围在其周围，试找出其走向。

⑥ 直肠：位于内脏团背方，穿过心室中央，以肛门开口于后闭壳肌后方、出水管的附近。

6）神经系统：不发达，主要由三对分散的神经节组成，其间有神经连索相连（图 9-3）。

① 脑神经节：一对，位于食管两侧、前闭壳肌与伸足肌之间。用尖头镊子小心撕去该处少许结缔组织，并轻轻掀起伸足肌，即可看到淡黄色的神经节。

② 足神经节：一对，埋于足部肌肉的前 1/3 处。如前所述，用刀片从足的端部尽量正中剖开足，可见一对神经节埋在内脏团中央。

③ 脏神经节：一对，蝴蝶状，紧贴于后闭壳肌下方，用尖头镊子将表面的一层组织膜撕去即可见到。

④ 神经索：沿着三对神经节发出的神经仔细剥离周围组织，在脑、足神经节和脑、脏神经节之间可见神经连接。

实际解剖中河蚌的神经系统并不好观察，可用文蛤来替代。文蛤的三对神经节呈红色，与周围组织的颜色差别大，且易于同周围组织分离，效果很好。

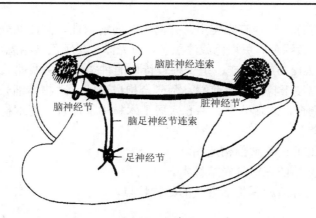

图 9-3　河蚌的神经系统模式图（刘凌云和郑光美，1997）

3. 瓣鳃纲常见种类

1) 泥蚶（*Tegillarca granosa*）：海产，贝壳卵圆形，两壳相等。壳面有 17~20 条发达粗壮的放射肋，肋上有大而稀疏的结节

2) 长牡蛎（*Crassostrea gigas*）：海产，壳厚。背腹延伸，形态变化极大，壳面具波纹状鳞片，左壳具有数条较强的放射肋，附着面大。

3) 菲律宾蛤仔（*Ruditapes philippinarum*）：海产，贝壳卵圆形、较厚而且膨胀。壳顶稍突出，顶尖细、略向前弯曲。贝壳前端椭圆，后端略呈截状。壳面灰黄色或灰白色，花纹变异多。放射肋细密，与生长纹交织成布目格状。

4) 缢蛏（*Sinonovacula constricta*）：海产，贝壳较薄，呈长方形。壳顶位于背缘略近前方，背缘和腹缘平行；壳前、后端圆。两壳关闭时，前后端留有开口。自壳顶至腹缘中部有一条微凹的斜沟。壳面被有一层黄绿色的外皮，成体常被磨损脱落而呈白色。

5) 紫贻贝（*Mytilus galloprovincialis*）：海产，贝壳呈楔形。壳顶尖细，位于贝壳的最前端。壳表光滑，略具光泽，多呈黑褐色，生长纹细密。贝壳内面呈灰蓝色，外套肌痕及闭壳肌痕明显。铰合部窄，具 2~5 个粒状小齿。足丝细丝状，发达。

6) 栉孔扇贝（*Chlamys farreri*）：海产，贝壳呈扇形，左壳稍突而右壳较平，壳的前后方具耳，前大后小。壳色多呈浅褐色、橙黄色、紫褐色等。两壳放射肋不同，左壳有 10 条粗肋左右，右壳约有 20 条粗肋，肋上皆具不规则的生长棘。后闭壳肌发达，加工后可制成干贝。

7) 西施舌（*Coelomact ra antiquate*）：海产，贝壳大型，略呈三角形，壳质薄脆，壳顶区常呈紫色，壳顶略尖。贝壳前端圆，后端稍尖，腹缘圆。壳面被一层具丝绢状光泽的壳皮，生长纹很细、明显。壳内面淡紫色。

8) 河蚬（*Corbicula fluminea*）：淡水，壳质厚，两壳膨胀，外形略呈正三角形。

贝壳两侧略对称。壳顶膨胀突出，并向内、向前弯曲，因此两壳顶极为接近。壳面呈棕黄色、黄绿色、黑褐色或漆黑色，有光泽，其颜色与栖息环境及年龄有关。

9）船蛆（*Teredo*）：海产，是一种较特化的种类，又名凿船贝。体呈蠕虫状，贝壳退化，包被于身体的最前端，两壳合抱成球状。动物体细长，呈蛆状，水管极长，基部愈合，末端分叉。钻孔穴居于木材中，危害港湾木材建筑物和船只。

【作业与思考】

1. 绘河蚌的内部解剖构造图。
2. 制作文蛤的三对神经节标本。
3. 总结河蚌适应其生活方式的结构特点。

实验 10 乌贼(章鱼)及其他软体动物

【目的与要求】

1. 通过对乌贼的外形观察与内部解剖，了解头足纲动物的一般特征；
2. 通过示范软体动物门各纲的代表动物，比较它们之间的主要异同点。

【实验材料】

1. 乌贼(章鱼)。
2. 示范标本：石鳖、鲍、田螺、蜗牛、角贝、章鱼、柔鱼等。

【用具与药品】

蜡盘、搪瓷盘、解剖器、10ml 的注射器、显微镜、红墨水。

【操作与观察】

1. 乌贼的外形观察

乌贼呈卵圆形，体分头部、颈部及躯干部三部分(图 10-1)。

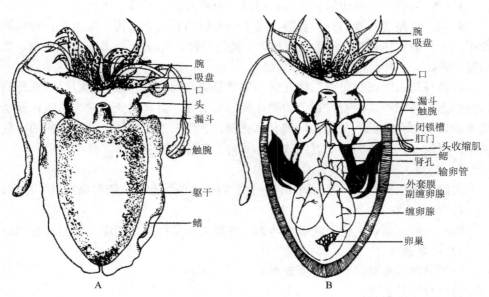

图 10-1 乌贼的外部形态(南京师院生物系，1961)

A. 腹面观；B. 内部构造

(1) 头部

1) 腕(足)：在头部前端，有长腕 10 个，左右成对排列，并围成一圈，其中第 4 对腕细长，称触腕。除触腕外各腕内侧均有吸盘数列，细长的触腕分触腕柄和触腕穗两部分，末端的触腕穗具有吸盘，呈穗状，触腕柄细长无吸盘，触腕的基部具有一触腕囊。触腕可伸缩，主要的功能是用于捕食与攻击，不用时可缩回触腕囊内。雄性左侧第 5 条腕特化为茎化腕，为交配器官，用于将精荚送入雌性外套腔。

2)头部：位于腕的后方，近于球形，两侧各有一发达的眼，头前端中央有口。

（2）颈部

为头足部与躯干部相接的狭小部分。颈部腹面有一个三角形的漏斗，为乌贼特化的足。漏斗前端开口较小，后端宽大的开口与外套腔相通。以解剖刀从外套膜的侧缘沿鳍剖开，可见漏斗的腹壁有两软骨凹陷，与外套膜内壁边缘的两突起相关联，构成一对闭锁器（思考闭锁器有什么功能）。剪开漏斗，其腔壁内有一突起的舌瓣（思考舌瓣有什么作用）。

（3）躯干部

背腹扁平，略呈半椭圆形，躯干两侧具鳍，左右鳍在后端不愈合。

1)外套膜：乌贼外套膜发达，为包围躯干部的一层较厚的肌肉壁。

2)外套腔：外套膜在腹面与内脏团分离，形成一个空腔，即为外套腔。

3)鳍：为躯干两侧边缘狭长的肌肉褶，两侧的鳍在后端不连接。

4)壳：沿鳍的背缘剖开外套膜，可见一舟状的石灰质结构，即为壳，乌贼的壳不同于其他软体动物，用于支持身体。其壳俗称"海螵蛸"，具有收敛止血、敛疮等功效。

章鱼与乌贼同属头足纲二鳃亚纲，但章鱼属八腕目（乌贼属十腕目）。章鱼的外部形态与乌贼不同的有：章鱼的胴体颈部不明显，且其内壳已完全消失；章鱼腕 8 个，且章鱼的腕不分化为触腕和茎化腕，各腕形态无差异，其腕内侧的吸盘无柄，无漏斗；章鱼的躯干近似球形，不同于乌贼的半椭圆形，且不具鳍。

2. 乌贼的内部解剖

去除腹面的外套膜，露出鳃和内脏团，剪去内脏团腹壁，依次观察以下器官。

（1）呼吸系统

鳃：一对，羽状，位于内脏团两侧，各鳃以一薄的肌肉褶连于外套膜壁上。

（2）生殖系统

雌雄异体，实验时互相交换观察。

1)雌性生殖器官。

卵巢：一个，位于内脏团后端的生殖腔中，略呈心形，成熟的卵巢带有浅黄色卵粒。

输卵管：从卵巢的左侧发出，输卵管向前行开口于直肠的左侧。

输卵管腺：在输卵管末端有一椭圆形腺体，即为输卵管腺。

缠卵腺：一对，梨形，位于内脏团的后部、肠的两侧，开口于外套腔。

副缠卵腺：一对，位于缠卵腺的前方，矢状。缠卵腺及副缠卵腺在构造上与卵巢、输卵管无直接联系。

2)雄性生殖器官。

精巢：一个，位于内脏团后端的生殖腔中，为一白色心形构造。

输精管：自精巢左侧通出，卷曲，附着在储精囊及精荚囊上，管细，略呈红色。

储精囊：白色，卷曲呈螺旋状，位于输精管中部稍前方，是输精管膨大而成。

前列腺：在储精囊前端。小心分离并去除储精囊外围的结缔组织即可看见。前列腺有管与精荚囊相通。

精荚囊：瓶状，在输精管与储精囊的左侧。在显微镜下可观察到观察杆状的精荚及其内含的精子与弹器。

(3)排泄系统

肾：以镊子轻轻地除去内脏腹面的结缔组织(如是雌的则应先分离缠卵腺与副缠卵腺)，可见一对左右对称的不规则的透明状囊，为肾脏的腹囊；腹囊各有一小管沿直肠两侧通向口端，以排泄孔开口于外套腔(图 10-2)。用注射器自排泄孔注入淡的红墨水，则可见在直肠背方尚有一背囊。在贯穿腹囊的肾静脉周围，有浅黄色海绵状的腺质附属物，此即肾脏的分泌部分，又称静脉附属腺。

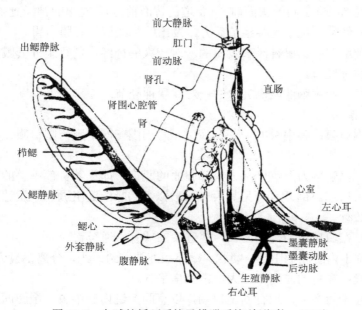

图 10-2　乌贼的循环系统及排泄系统(任淑仙，2007)

(4)循环系统(图 10-2)

1)前大静脉：一条，位于肾孔之间，后行至肾的前端分为两支穿过肾脏的腹囊，斜行至体侧而通入鳃心。

2) 后大静脉：两条，位于内脏团后部两侧，自后端斜行向前与前大静脉后端分支(即肾静脉)汇合。

3) 鳃心：一对，位于左右鳃的基部，浅黄色、囊状，其外侧以一入鳃血管通入鳃中，鳃心后端有一圆形的鳃心附属腺。

4) 心脏：由二心耳、一心室组成。

心耳：紧接于鳃心的前方，长袋形，呈青色，用于收集来自鳃的血液。

心室：位于两心耳中央，略呈长方形，浅黄色，富肌肉。

5) 前大动脉：一条，由心室向前发出的动脉，沿乌贼背面直行，达于头部。

6) 后大动脉：一条，由心室向后发出的动脉。

(5) 软骨

以解剖刀及镊子除去头部及腕上的表皮，再沿肌肉附着点除去肌肉及腹面的腕，即见透明的软骨在头的中央及眼的基部。

(6) 神经系统

1) 脑：用镊子小心地把软骨揭开，可见其中浅黄色的脑，由脑神经节、侧脏神经节及足神经节组成。

2) 脑神经节：位于脑的背面(食道的背面)，发出的神经到头部感觉器官。

3) 足神经节：位于脑的腹面前方(食道的背面前方)，发出的神经到腕和漏斗。

4) 侧脏神经节：位于足神经节后方，发出的神经到外套膜与胃。

5) 星芒神经节：由脏神经节发出的一对较大的神经，斜行至外套膜前形成的一对星芒状的神经节。

6) 视神经节：由脑的两侧突出的一对球状神经节。

(7) 消化系统

1) 口及围口膜：腕中央的一开口为口，其周围一圈薄膜为围口膜，其上有乳状突起。

2) 口球：以解剖刀及镊子除去头部腹面的肌肉，即见其头部中央的一肌肉质的球状物，为口球。剖开，可见其内有一形似鹦鹉喙的鹦咀颚和一发达的齿舌，舌上有锐齿数行。

3) 食道：在口球之后，细而长，穿过头部软骨，通至胃。

4) 胃，位于内脏团的中部，囊状，壁厚，外被结缔组织，分离墨囊方可看见。

5) 胃盲囊：在胃的左侧，形大，常呈扁平状。

6) 肠：连于胃之后，逆行回至口端，以直肠穿过内脏中央，至腹面与墨囊管相接，开口于肛门，通于外套腔。

7) 肝脏：位于食道两侧，颇大，略呈三角形，前端分离，后端联合。

8) 唾液腺：一对，在肝脏的前端背面、食道的两旁，形如黄豆。

9)胰脏：在胃与胃盲囊的背面，为葡萄状腺体。

10)墨囊：在胃的腹面，囊状，有墨囊管与直肠平行开口于直肠的后端部。

章鱼的内部结构与乌贼相似。

3. 示范

注意观察石鳖、鲍、田螺、蜗牛、角贝、章鱼、柔鱼的浸制标本(观察时不可用镊子用力拉扯，以免损坏标本)。比较它们的外套膜及贝壳、体制、头部、足部的主要构造和主要特征。

【作业与思考】

1. 绘乌贼(章鱼)的排泄系统和生殖系统图。

2. 为什么将石鳖、鲍、田螺、蜗牛、角贝、章鱼、柔鱼都列为同一软体动物门？为什么又将它们分为不同纲？

实验 11　凡纳滨对虾及其他甲壳动物

【目的与要求】

1. 通过观察凡纳滨对虾(南美白对虾)的外部形态及内部结构,了解甲壳动物形态构造的主要特征;

2. 认识甲壳动物的主要代表种类。

【实验材料】

凡纳滨对虾(南美白对虾)。

示范标本:水蚤、剑水蚤、藤壶、中华绒螯蟹、三疣梭子蟹。

【用具与药品】

解剖镜、显微镜、解剖器、解剖盘、解剖针。

【操作与观察】

1. 凡纳滨对虾(南美白对虾)的外形观察

将标本放在解剖盘内(盘内置入适量水),按下列顺序观察(图 11-1)。

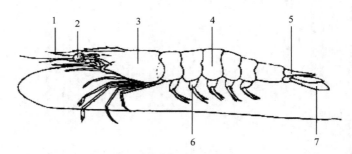

图 11-1　对虾的外部形态图(王克行,1997,稍修改)

1. 额剑;2. 复眼;3. 头胸甲;4. 腹部;5. 第 7 腹节;6. 腹肢;7. 第 6 腹肢

(1)头胸部

头胸部共 13 节,包括头部 5 节和胸部 8 节,但也有观点认为甲壳类软甲纲头胸部有 14 节,其中头部有 6 节。头胸愈合为头胸部,外被头胸甲。

1)头胸甲:虾类的头胸部覆盖着坚硬的头胸甲,头胸甲前端背面中央有一尖利的额剑,额剑短棘的形状和锯齿的数量是分类的重要依据。凡纳滨对虾额剑上缘锯齿 7~9 个,下缘锯齿 1~2 个。

2)复眼:位于额剑的两侧,各有一能活动的眼柄,其顶端着生复眼,用刀片将复眼削下一小薄片,在显微镜下观察其形状及构造。

3)附肢:在观察前可用镊子将一侧的附肢从基部扯下按顺序摆放在解剖盘内进行观察(图 11-2)。头胸部附肢共有 13 对,头部 5 对附肢,依次为第 1 触角、第

2 触角、大颚、第 1 小颚和第 2 小颚，其中的第 1 触角和第 2 触角细长鞭状，为感觉器官。第 1 触角又称小触角，单肢型。原肢 3 节，第 1 节背面有一大凹陷，其内侧丛毛中为平衡囊。第 3 节端部有内、外两枝触鞭及一短小的附鞭。第一触角主司前方的嗅觉、平衡与触觉功能。第 2 触角又称大触角，双肢型，原肢分 2 节。外肢宽大成长方形鳞片状。内肢 3 节，在大触角柄上成一长大的触鞭。第二触角主司两侧与后方的触觉。

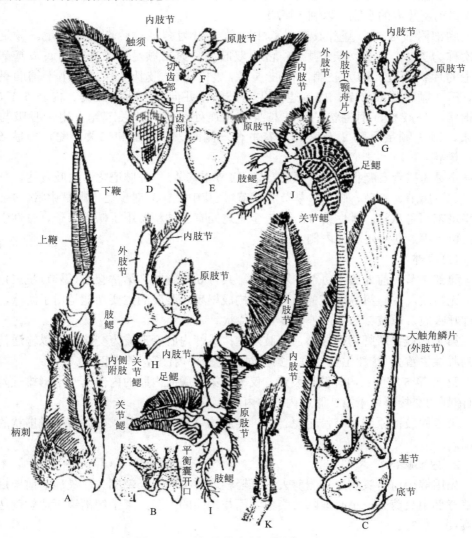

图 11-2　对虾的附肢(陈品健等，2001)

A. 第 1 触角；B. 第 1 触角(已除去刚毛)；C. 第 2 触角(腹面)；D. 大颚(内侧)；E. 大颚(外侧)；F. 第 1 小颚；
G. 第 2 小颚；H. 第 1 颚足；I. 第 2 颚足；J. 第 2 颚足基部外侧；K. 雄性第 3 颚足末端两节外侧面

　　头部第 3、第 4、第 5 对附肢组成对虾的口器，依次称为大颚、第 1 小颚和第 2 小颚。大颚原肢节坚硬，分为扁的切齿部和较平的臼齿部，前者边缘有数小齿，后者有小突起，成为咀嚼器官，内肢 2 节，成宽大叶片状的触须，不具外肢，用于咀嚼。第 1 小颚也不具外肢，原肢 2 节，小叶状，位于内侧，内缘有刚毛，内肢 2 节，位于外侧，用于抱握食物。第 2 小颚为双肢型，原肢由片状的 2 节组成，外肢节发达，呈叶片状，称颚舟叶，内肢节小，夹在外肢与原肢之间。第 2 小颚用于扇动鳃腔内的水流，以利于呼吸。

　　胸部附肢 8 对，基部具鳃，其中，前 3 对为颚足，后 5 对为步足。颚足依次称为第 1、第 2、第 3 颚足，皆为双肢型。第 1 颚足原肢 2 节，底节基部侧生的片状顶肢，即为肢鳃，内肢 5 节，须状，外肢长片状，可用于辅助摄食。第 2 颚足原肢 2 节，底基也侧生一肢鳃，并向外突成为足鳃，内肢 5 节，屈指状，外肢长，羽毛状。附肢与身体相连处还有两片关节鳃，用于呼吸与游泳。第 3 颚足原肢 2 节，其上着生有一侧鳃、一肢鳃和二关节鳃，内肢 5 节，棒状。

　　步足为捕食及爬行器官。原肢 2 节(底节和基节)，外肢退化。内肢发达，分为 5 节(座节、长节、腕节、掌节和指节)，其中，1~3 对步足末端呈钳状、4~5 对步足末端呈爪状。雌性第 4、第 5 步足之间有一纳精器用于储存精子。雄性生殖孔位于第 5 对步足基部内侧。

　　(2) 腹部

　　腹部 7 节，前 6 腹节每节一对附肢，共有 6 对附肢，第 7 腹节(尾节)呈三角形，无附肢，并与第 6 腹节的附肢共同构成尾扇。腹肢的主要功能是用于游泳，也称呼吸肢，原肢 2 节，内外肢多为叶片状。

　　第 1 腹肢：雌虾内肢极小，外肢发达；雄虾内肢变形成为交接器用以输送精荚到雌性生殖孔(雌性生殖孔位于第三对步足基部内侧)，外肢正常。

　　第 2~第 5 腹肢：内外肢皆发达，仅雄虾第 2 腹肢内肢的内侧具一小形雄性附肢(沼虾的交接器位于第 2 腹肢内肢的内侧)。

　　第 6 腹肢：原肢 1 节，粗短。内、外肢均呈宽大的鳍状，与尾节构成扇状的尾扇。

　　2. 内部解剖

　　先用解剖剪将头胸甲一侧剪去，再轻轻地将头胸甲全部剥去，最后自前向后沿着背部中央剪开，小心地除去腹部背面与侧面的甲壳，置于解剖镜下边解剖边观察(图 11-3)。

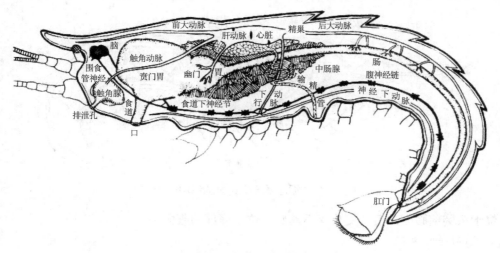

图 11-3　虾的内部结构模式图(堵南山，1987)

(1)肌肉

为横纹肌，成束，往往成对。试比较对虾(或沼虾)的肌肉与其他无脊椎动物肌肉的区别。

(2)消化系统

1)口：位于两大颚之间，背面有半圆形的上唇一片，腹面并列两片下唇。

2)食道：自背侧拨开生殖腺，即可看到短而宽的食道。

3)胃：呈囊状，前面为贲门胃，后面为幽门胃。注意观察胃内角质突起和刚毛着生情况。

4)肠：中肠较短；后肠细长，开口于肛门。

5)肝胰脏：位于消化道两侧，呈深褐色，有肝管通入中肠，能分泌消化液，吸收营养物质。

(3)循环系统

对虾的血液循环属开管式，但在节肢动物中，其呼吸器官集中，故循环系统中保留大部分血管(图 11-4)。

1)心脏：位于头胸部后半部靠近背侧的围心窦中，略呈三角形，心孔三对，一对在背面，两对在腹侧面。

2)动脉：从心脏发出 7 条动脉，包括：发向心脏前端的一条前大动脉和一对触角动脉；心脏两侧各有一条肝动脉；心脏后侧的一条腹上动脉和一条胸直动脉(下行动脉)，其中，前大动脉输送的血液主要到复眼、口器等头部器官，触角动脉内的血液则到第 1、第 2 触角，肝动脉的血液供肝脏代谢。腹上动脉沿腹部背面后行，供腹部代谢。胸直动脉(下行动脉)由心脏发出后，贯穿胸部背腹面通至胸部腹面与神经下动脉连接。神经下动脉管分前、后两支，前一支称胸下动脉，

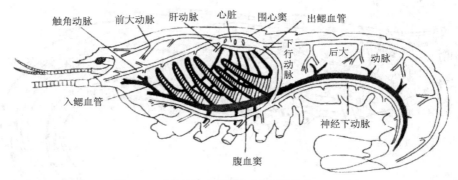

图 11-4　虾的循环系统模式图（堵南山，1987）

位于头胸部腹面；后一支称腹下动脉，位于腹部的腹面。

（4）呼吸系统

鳃位于头胸部两侧鳃腔内，外被鳃盖（即头胸甲的侧板）。对虾 Ⅵ~Ⅷ 体节的附肢基部具有鳃。注意观察鳃轴、鳃丝的构造特征，并根据鳃的位置区分侧鳃、关节鳃与足鳃。

（5）排泄系统

一对触角腺位于大触角基部，观察它与膀胱的形态及相互连通等特征。

（6）神经系统

1）脑：位于食道上方，分出多条神经。注意观察围食道神经发出及其与腹神经索相连的情况。

2）腹神经索：由前向后在腹中线上观察组成腹神经索的胸部神经节、腹部神经节的数目及构造特征。

（7）生殖系统

1）雌虾：卵巢一对，位于围心窦的腹面，体积大。观察左右两卵巢相并后的形态和成熟卵巢的颜色。输卵管细小，开口于第 3 步足基部的雌性生殖孔。纳精器位于第 4、第 5 步足间的腹面上。性成熟个体第 4、第 5 步足之间有一纳精器。

2）雄虾：精巢一对，位于围心窦腹面。输精管一对，细长，末端膨大为豆粒大小的储精囊，开口于第 5 步足的基部的雄性生殖孔。雄性的第 1 对腹肢内肢节特化为交接器用以输送精荚。

3. 示范

1）水蚤（*Daphnia*）：又称水溞，属鳃足纲双甲目，为淡水池塘常见的小型甲壳动物，是淡水鱼类主要的天然饵料。身体扁椭圆形，体节不明显，除头部外，体被两片甲壳。复眼合并成一个。触角 2 对，第 1 对触角甚小，位于吻端，第 1 对触角与复眼之间有一个小的单眼；第 2 对触角粗大，位于头部两侧，内、外肢发达如树枝状，具有羽状刚毛，是水蚤的主要运动器官。常见的如溞状蚤（*Daphnia pulex*)（图 11-5E）。

2)剑水蚤（*Cyclops*）：属桡足纲，体小，分头胸部与腹部，无背甲。头胸部由头部与 5 个胸节组成（头部与第 1 胸节愈合），头部背面中央有一眼点。第 1 触角较第 2 触角长大。胸肢 4~5 对，腹部 5 节，圆柱状，无附肢。雌体胸腹交界处的两侧常有一对卵袋（有时只一侧具卵袋），尾节分叉。

3)藤壶（*Balanus*）：又名铃介，俗称马牙，属蔓足纲围胸目。海产，成体固着于潮间带岩石等硬相底质，幼体在水中营游泳生活。头部的皮肤呈褶皱状，伸长而包围身体，形成外套。外套分泌物形成石灰质的壳板，虫体仰卧于壳内。胸肢 6 对，双肢型的胸肢延长成蔓状，可由壳板间向外伸出，用以摄食。

4)中华绒螯蟹（*Eriocheir sinensis*）：属软甲纲十足目，江浙一带称其为大闸蟹，是我国著名的淡水经济蟹类。头胸甲特别发达，略呈方形或椭圆形，前缘和两侧各有 4 齿，眼柄和触角位于额两侧。螯足末端着生厚的绒毛，故名，其余步足扁平、末端爪状。腹肢退化，藏于脐内侧，雌性 4 对，第 1 对退化；雄性只有前 2 对，特化为交接器。

5)三疣梭子蟹（*Portuns trituberculatus*）：属软甲纲十足目，重要经济海洋蟹类。头胸甲梭形，每侧各有一个尖刺，背面中央有 3 个突起，额缘具有 4 个小齿。第 1 步足强壮，长节后缘末端有一刺，第 5 对步足宽扁，指节片状。

几种常见甲壳类动物见图 11-5。

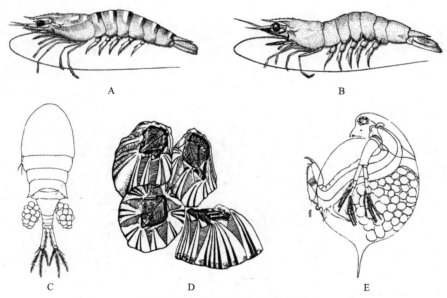

图 11-5 常见的几种甲壳类动物

A. 斑节对虾（王克行，1997）；B. 长毛对虾（王克行，1997）；C. 近邻剑水蚤，雌体（沈嘉瑞等，1979）；
D. 纹藤壶（魏崇德和陈永寿，1991）；E. 溞状蚤（堵南山，1987）

【作业与思考】

1. 绘图

(1) 凡纳滨对虾或罗氏沼虾的外形图(背面观),并注明各部分的名称。

(2) 绘凡纳滨对虾或罗氏沼虾解剖构造图,示消化、循环、神经、生殖系统。

2. 思考题

(1) 为什么虾蟹类的循环系统较其他节肢动物发达?

(2) 通过对凡纳滨对虾或罗氏沼虾的观察,总结甲壳类的主要特征。

(3) 如何从外形上区分凡纳滨对虾与罗氏沼虾?

实验 12 中华绒螯蟹及其他甲壳动物

【目的与要求】

1. 通过对中华绒螯蟹外形及内部结构的观察，了解蟹类的一般结构特征及其与生活方式相适应的特点；

2. 认识甲壳类一些重要的经济种类。

【实验材料】

活体及浸制中华绒螯蟹标本；重要的经济种类标本。

【用具与药品】

显微镜、放大镜、蜡盘、解剖器械。

【操作与观察】

中华绒螯蟹（又称河蟹）(*Eriocheir sinensis*)的身体宽阔，背部一般呈墨绿色，腹面为灰白色。由于进化演变，其头部与胸部已愈合在一起，合称头胸部。腹部退化折贴于头胸部之下，5 对胸足伸展于头胸部两侧。整个身体由头胸部 13 节、腹部 7 节，共 20 节组成(图 12-1)。

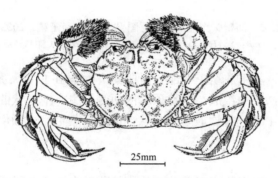

25mm

图 12-1 中华绒螯蟹外形(魏崇德和陈永寿，1991)

1. 外形观察

摘取头部附肢时，先剪下口侧头胸部的侧板。用镊子夹住附肢基部，垂直拔下。如附肢粗大，可用剪刀剪开其基部与体壁的连接后再拔下，但要注意附肢的完整性，不要损伤内部器官。

（1）头胸部

头胸部是中华绒螯蟹身体的主要部分。背面有一背甲，俗称蟹壳(图 12-2)。表面凹凸，形成许多对称性区块，这些区块与各内脏相对应，可分为胃、心、肠、肝及鳃等 5 个区。背甲前缘正中为额部，有 4 个额齿。额齿间的凹陷，以中央一个最深。左右前侧缘各有 4 个锐齿，又称侧齿或侧刺。在额部的两侧，有一对有柄的复眼，着生于眼眶之中。复眼内侧，横列于额下有两对触角，里面一对较为短小，为第 1 触角，也称内触角或小触角；其外的一对为第 2 触角，也称外触角或大触角。头胸部的腹面为腹甲，除头部为头胸甲的下折部分所覆盖外，其余皆由腹甲包被，腹甲周缘绒生密毛，中间有一凹陷的腹甲沟，腹甲原为 7 节，前 3 节已愈合成一节，因而可辨认的为 5 节。中华绒螯蟹的生殖孔开口在腹甲上，雌雄生殖孔开口的位置不同，雄性的一对开口在第 7 节，即末节；雌性的一对开口在第 5 节，即愈合后的第 3 节。

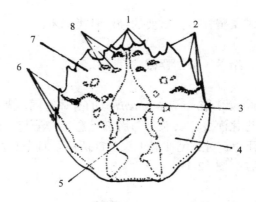

图 12-2　河蟹头胸甲背面示意图（朱清顺和苗玉霞，2003）
1. 额齿；2. 侧齿；3. 胃区；4. 鳃区；5. 心区；6. 龙骨突；7. 肝区；8. 疣状突

在头胸部腹面，腹甲前端正中部分为口器。口器由 1 对大颚、2 对小颚和 3 对颚足自里向外依次层叠组成。颚足顶端的两侧均生有细丝状的长毛，可以过滤水中不洁之物；第 1 对小颚原肢呈薄片状，内缘多刺毛；大颚位于口的两侧，底节细长，基节锋锐。

(2) 腹部

腹部又称蟹脐，已退化成扁平的一片，紧贴于头胸部之下（图 12-3）。四周长有绒毛，由肠道贯通前后，肛门开口于末节的内侧，腹部共分为 7 节。雌蟹腹肢4 对，着生于第 2~第 5 腹肢上。每个腹肢自柄部分出内外两叉，即内肢和外肢。内肢上的刚毛细而长，30~40 排，是产卵时卵粒附着的地方。外肢刚毛粗而短，有保护卵群的作用。雄蟹腹肢 2 对，着生于第 1~第 2 腹节上，已特化为交接器。第 1 对交接器，呈细管状。顶端着生短刚毛，开口于向外弯曲的片状突起上，第 1 腹肢基部较粗，分为两个开口，近腹甲的开口较大，盖有毛瓣膜。第 2 对交接器较小，约为第 1 对交接器的 1/5~1/4，为一实心棍状物。末端为柔软的皮膜部分，上具细毛，基部膨大，周缘密生绒毛。

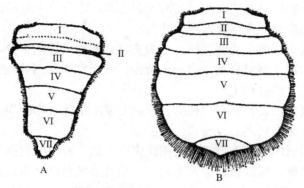

图 12-3　河蟹腹部示意图(朱清顺和苗玉霞，2003)

A.♂尖脐；B. ♀圆脐

(3)胸足

胸足共 5 对，是胸部的附肢。可分为 7 节，各节的名称分别叫底节、基节、座节、长节、腕节、前节和指节。第 1 对是螯足，特别发达，成钳状，两指内缘均生齿状突，末端锋利，便于钳夹。其掌部密生绒毛，雄蟹的螯足比雌蟹大。第 2~第 5 对胸足结构相同，称步足。前 3 对步足的指节，尖细而圆，呈爪状；末对步足比较扁平，前后缘长有刚毛，各对步足关节下弯，长短不一。

2. 内部构造

沿头胸甲周缘剪开外骨骼，用镊子将头胸甲与下面器官轻轻剥离，依次观察下列结构(图 12-4)。

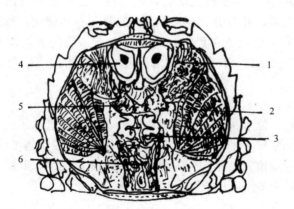

图 12-4　雄性河蟹内部结构图(朱清顺和苗玉霞，2003)

1. 肝脏；2. 鳃；3. 射精管；4. 胃；5. 精巢；6. 副性腺

(1)消化系统

消化系统包括口、食道、胃、中肠、后肠和肛门。

1) 口：位于腹甲前端正中部，在两大颚之间，由一个上唇和两片下唇包围。

2) 食道：短而直，末端通入膨大的胃。

3) 胃：外观为三角形的囊状物，分为贲门胃和幽门胃两部分。胃内有一咀嚼器，俗称胃磨，用于磨碎食物；由一个背齿、两个侧齿及两块梳状骨组成。胃起机械磨碎和过滤食物的作用。

4) 中肠：很短，其背面有细长的盲管，主要起消化食物的作用。

5) 后肠：位于中肠之后，较长。

6) 肛门：后肠的末端为肛门，周围肌肉很发达，开口于腹部的末节。

消化腺为肝脏，橘红色，分左右两叶，由许多细枝状盲管组成。体积较大，有一对肝管通入中肠。

(2) 循环系统

循环系统由一肌肉质心脏和一部分血管及许多血窦组成。

1) 心脏：位于头胸部中央、背甲之下，呈五边形，外包一层围心腔膜，并有系带与腔壁相连。心脏共有 3 对有活瓣的心孔，背面 2 对，腹面 1 对。围心窦的血液通过心孔流入心脏，活瓣可防止血液倒流。

2) 动脉：由心脏发出 7 条动脉。

5 条向前的动脉：1 条眼动脉，由心脏中央发出，经胃上部到身体前端，分布至食道、脑神经节、眼等处；1 对触角动脉，由眼动脉基部的左右两侧发出，分布到触角、排泄器官及胃等处；1 对肝动脉，各由触角动脉基部两侧发出，分布到中肠、肝脏及生殖器。

2 条向后的动脉：1 条是腹上动脉，由心脏后缘向中央发出，沿腹部背面向后一直通至身体末端，并有分支到后肠；1 条弯向身体腹面，称胸动脉，由心脏后缘中央通出，向下穿过胸神经节，之后分成前、后两支，均与腹部神经索平行，向前为胸部下动脉，由分支到胸部附肢；向后为腹下动脉，由分支到腹部附肢。

(3) 呼吸系统

呼吸器官是鳃，位于头胸部两侧的鳃腔内。鳃腔通过入水孔和出水孔与外界相通。在螯足基部的下方有入水孔，口器近旁的第 2 对触角基部的下方有出水孔。鳃共 6 对，根据着生位置的不同分为侧鳃、关节鳃、足鳃、肢鳃 4 种，每条鳃由鳃轴和两侧分出的许多鳃叶构成。

(4) 神经系统

在头胸部背面、食道之上、口上突之内，有一呈六边形的神经节，称脑神经节，由此通出 4 对神经。第 1 对比较细小，称为第 1 触角神经；第 2 对神经最为粗大，通至复眼，称为视神经；第 3 对为外周神经，分布到头胸部的皮膜上；第 4 对通至第 2 触角，称第 2 触角神经。脑神经节通过一对围咽神经与胸神经节相连，由围咽神经发出一对交感神经，通到内脏器官。食道之后还有一横神经，与左右两条围咽神经相连。胸神经节贴近腹甲中央，由许多神经节集合而成。从胸神经发出的神经，较粗的有 5 对，各对依次分布在螯足和步足之中。

胸神经节向后延至腹部，为腹神经，河蟹的腹部没有神经节。腹神经分裂成许多分支，散至腹部各处。

(5)感觉器官

感觉器官具一对复眼，复眼具有眼柄，眼柄着生在眼眶之中，分为 2 节。第 1 节比较细小，第 2 节粗大。节间有关节相连，既可直立又可横卧，活动自如，十分灵便。直立时，将眼举起，可视各方；横卧时可借眼眶外侧之毛拂除眼表面的不洁之物。

平衡器官为一平衡囊，藏于第 1 触角的第 1 节中，有几丁质形成的囊壁皱褶，内无平衡石，开口也已封闭。平衡囊跟外界不相通，囊内有一群感觉毛，还有一些石灰质颗粒。

第 1 触角及第 2 对颚足指节上的感觉毛有化学感觉作用，身体及附肢各部之刚毛也均有感觉作用。

(6)排泄系统

排泄器官为触角腺，又称为"绿腺"，为一对卵圆的囊状物，被覆在胃的上面。它包括海绵组织的腺体部和囊状的膀胱部，开口在第 2 触角的乳头上。

(7)生殖系统

雌雄异体，性腺位于背甲下面。雄性生殖器官由精巢、输精管、射精管、副性腺、阴茎及交接器等组成。雌性生殖器官包括卵巢、输卵管、纳精囊及乳突等。

1)雄性生殖系统：有精巢 1 对，位于心脏两侧的前方。玉白色，前端分离，而在胃后方互相连合。精巢下方有左右两条细小白色的输精细管，前端细而盘曲，后端较大，构成"S"形弯曲的射精管。射精管后端在三角膜的下内侧与副性腺的开口汇合，副性腺呈树枝状分叉，末端为盲管。射精管在副性腺以下的一段管径较小，它穿过肌肉，开口在腹甲第 7 节的外侧，开口孔上有一角质突起。长 0.5~1cm 的阴茎沿此角质突起外伸，交配时阴茎能膨大，伸入第 1 交接器基部的开孔，精荚经交接器末端而入雌蟹的纳精囊(图 12-5)。

2)雌性生殖系统：有卵巢 1 对，呈"H"形。周缘分叶而具缺刻，初为白色或浅红色，随着性腺的发育成熟，最后呈深咖啡色或酱色。卵巢成熟时极度膨大，可占头胸甲下的大部分空间。卵巢后方具有一对短小的输卵管，它与纳精囊相通，开口于腹甲的第 5 节，开口处有一三角形突起。交配时雄蟹的第 1 交接器插在突起上，以输送精荚入纳精囊。纳精囊平时为一中空的盲囊，但在交配后则储满乳胶状黏稠物质及精荚(图 12-6)。

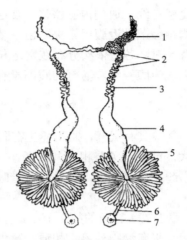

图 12-5　河蟹的雄性生殖系统(胡自强和胡运瑾，1997)

1. 曲精细管；2. 输精小管；3. 输精管；4. 储精囊；5. 副性腺；6. 射精管；7. 雄生殖孔

雌蟹腹部附肢 4 对，双肢型，内外肢密生刚毛，刚毛的作用是附着受精卵。

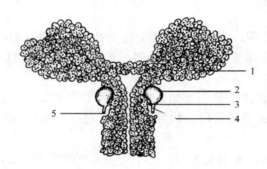

图 12-6　河蟹的雌性生殖系统(胡自强和胡运瑾，1997)

1. 卵巢；2. 受精囊；3. 输卵管；4. 阴道；5. 雌生殖孔

3. 常见种类

1)三疣梭子蟹(*Portunus trituberculatus*)：头胸甲呈梭形，稍隆起，在中胃区有 1 个、心区 2 个疣状突。前侧缘连外眼窝齿在内共有 9 齿，末齿最为长大，向两侧刺出。螯足壮大，长节呈棱柱形。雄性个体呈蓝绿色，雌性个体呈深紫色。

2)红星梭子蟹(*Portunus sanguinolentus*)：头胸甲呈梭形，表面前部具有微细颗粒及白色云纹，后部几乎光滑。在头胸甲后半部的心区与鳃区上具有 3 个血红色卵圆形斑。额具 4 锐齿，前侧缘具 9 齿，末齿较长大，向侧方突出。

3)远海梭子蟹(*Portunus pelagicus*)：头胸甲呈横卵圆形，表面布有粗糙颗粒，整个表面具有明显的花白云纹。额具有 4 齿；前侧缘具有 9 齿，末齿比其他齿大，向两侧突出。螯脚长大，两螯不等大，其长度约为头胸甲长度的 4 倍，表面也有花白云纹。雌雄体色有明显差异。雄性个体深蓝色，雌性深紫色。

4) 锯缘青蟹(*Scylla serrata*)：头胸甲略呈椭圆形，表面光滑，隆起，分区不明显。甲壳及附肢呈青缘色。额具 4 个突出的三角形齿，前侧缘有 9 枚中等大小的齿。螯足壮大，两螯不对称。雌蟹，被中国南方人视作"膏蟹"，有"海上人参"之称。

5) 锈斑蟳(*Charybdis feriata*)：头胸甲呈横椭圆形，表面光滑。额具 6 齿，前侧缘具 6 齿。螯足粗壮。头胸甲的前半部正中具 1 条橘黄色的纵斑，在前胃共也常有一橘黄色的横斑，两者成十字交叉，在壳面的其他部分也有红、黄相间的斑纹，螯足紫色，带有黄斑。

6) 中华溪蟹(*Sinopotamon* sp.)：溪蟹属十足目，短尾亚目，头胸甲略呈方圆形，前侧缘具锯齿，胃、心区之间具"H"形沟。长 10~40mm，宽 5~50mm，终生栖于淡水溪流，是卫氏并殖吸虫的第二中间宿主。

【作业与思考】

1. 完整分离中华绒螯蟹一侧的附肢并绘图。
2. 如何从外形上区分雌蟹和雄蟹？
3. 通过观察，比较虾和蟹在身体结构上的异同。

实验 13　蝗虫的解剖

【目的与要求】

通过棉蝗的外形观察和内部结构解剖，了解昆虫纲主要特征。

【实验材料】

棉蝗浸制标本

【用具与药品】

解剖器、解剖盘、载玻片、盖玻片、放大镜、显微镜、甘油等。

【操作与观察】

1. 蝗虫外部形态观察

蝗虫的身体由头、胸、腹三部分组成，体表具含有几丁质的外骨骼（图 13-1）。

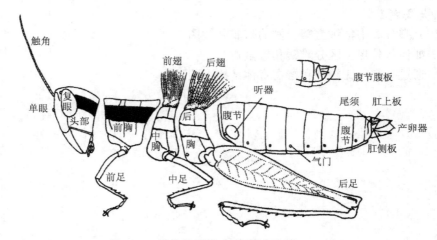

图 13-1　蝗虫外形模式图(堵南山等，1989)

（1）头部

卵圆形，头壳由若干骨片组成(图 13-2)。头部正前方是额，额的下方连一方形的唇基，额的上方为头顶，头顶之后为后头，头的两侧为颊。头部为感觉和取食中心，具有以下结构。

1）复眼：在头部上方的两侧，用解剖镜观察，能见复眼由许多六角形的小眼构成。

2）单眼：三只，在两复眼之间，呈倒三角形排列。

3）触角：一对，在两复眼之间，呈丝状，由若干节组成。

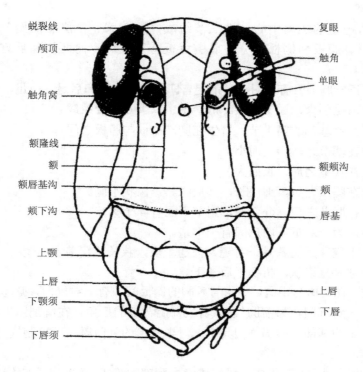

图 13-2   蝗虫头部外形（侯林和吴孝兵，2007）

4) 口器：在头部的下位，是典型的咀嚼式口器。用镊子分别取下蝗虫口器的各部分，依次排列在蜡盘中或白纸上，进行观察。

上唇：一片，为口器的最前方，与唇基相连，内壁柔软密生细毛。

上颚：一对，在上唇的内方，坚硬，呈褐色，上颚的内缘有齿状突起，适于切断和咀嚼食物。

下颚：一对，在上颚的下方，由以下几部分组成。最基部的为轴节；其次为茎节，由两部分组成（顶端的内侧有齿部分为茎节的内颚叶，外侧扁平部分为茎节的外颚叶），最外侧为由 5 节组成的下颚须；下颚有辅助咀嚼食物的作用。

下唇：在下颚的后方是一个愈合的结构。基部为弯月形的后颏，其前中部两大骨片为前颏，前颏的前端部左右两侧有一对宽阔的侧唇舌，两侧唇舌之间有两片小的中唇舌。在前颏与后颏之间有一对下唇须。下唇有防止食物外漏的作用。

舌：位于上、下颚与上、下唇之间，为附着在口腔底壁的一条狭长突起，舌壁上有几丁质的刺。舌有味觉和搅拌食物的作用。

(2)胸部

胸部为蝗虫的运动中心，由三节组成，即前胸、中胸和后胸三部分，各节均有背板、腹板和侧板之分。前胸背板特别发达，向两侧和后方延伸，呈马鞍形。

1)足：每一胸节具有一对分节的足，即前足、中足和后足。前足、中足短小，适于步行；后足强大，适于跳跃。每个足由以下 6 部分组成。

基节：为足基部的第 1 节，着生在胸部侧板与腹板之间。

转节：在基节之后，短而小。

腿节：在转节之后，长而大。

胫节：在腿节之后，细而长，其后缘具锯齿状小刺。

跗节：在胫节之后，分 3 节，跗节下面有 4 个肉垫。

前跗节：为一对爪，两爪间有一中垫。

2)翅：中胸和后胸各具一对翅，前翅革质，狭长，覆盖于后翅上，称复翅。后翅膜质，宽大呈扇状，折叠于后翅下。

3)气门：在前胸与中胸、中胸与后胸的侧板间各有一对气门，掀起前胸背板，即可见到前一对气门，为前胸气门(剪去前胸背板的后角，在解剖镜下观察)。中胸气门在中足的基部。胸部气门具有一对半月形的气门瓣，可控制气门的开闭。

(3)腹部

蝗虫的腹部由 11 节组成。雌、雄蝗虫腹部的第 1~第 8 节形态构造相似，在每一腹节侧板的前下方各有一对气门，共 10 对，控制气门开闭的装置在体壁内侧。在腹部第一对气门后方各有一个呈半月形的薄膜状结构，为听器。

雌蝗虫腹端第 9、第 10 两节背板较前 8 块背板为狭，且背板有愈合现象。第 11 节背板称肛上板，呈盾形，其两侧有一对短须状的尾须，腹板称肛侧板，呈三角形，在肛侧板后有一对尖形的背产卵瓣(上产卵瓣)，在第 8 节腹板后有一对尖形腹产卵瓣(下产卵瓣)，背产卵瓣和腹产卵瓣组成产卵器。

雄蝗虫的腹端第 9、第 10 节背板甚狭，尾须较雌蝗虫为大，第 9 节的腹板向上跷起形成匙状的下生殖板，按下生殖板，可见内有一个匙状的阴茎。

2. 蝗虫内部结构观察

(1)解剖

外部形态观察后，剪去足和前后翅，沿着蝗虫体侧的腹部气门上方，由体后端向前剪至前胸背板前缘。剪至另一侧时，以同样方法剪开(注意：剪时剪刀头应尽量向上，避免损坏内脏。胸部肌肉层很厚，要把肌肉剪断)。用镊子仔细地将背面的体壁由前向后揭开。剪断腹部背面最末节的节间膜，取下背部体壁供观察背血管用。将虫体放在小蜡盘(也可用培养皿代替)中，加清水，使内脏器官漂浮在水中，以便观察。

在观察呼吸系统和生殖系统后，用尖头镊子沿食道插向口腔，钳住食道小心地将消化道拔出。分离与消化道贴附的气管，逐段将消化道与体腔分离。剪断第8~第9节腹板的节间膜，将消化道移入盛有清水的培养皿内，观察生殖系统和消化系统。

腹面体壁留待观察神经系统。

注意：在进行小型动物解剖时，要遵循以下原则，需观察和分离的结构不能用镊子等工具直接捏取，以免损伤。可钳住非目的物结构(如气管、脂肪体等)轻轻抽动，或在结构之间进行分离，以保证解剖结构的完整性。细小结构也可用滴管吸水，借助水流的冲击力进行分离。

(2) 内部结构观察

1)呼吸系统。蝗虫的呼吸系统由气门、气管和微气管组成(图 13-3)。

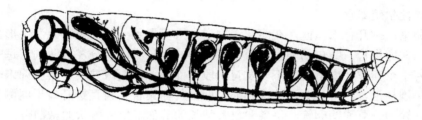

图 13-3　蝗虫气管系统(堵南山等，1989)

气门：共 12 对(已在外形部分观察)。

气管：在解剖镜下观察，可见从各气门通出许多管状结构，此即气管。在固定材料中，部分气管被固定液浸润，成为半透明的管道。在新鲜材料中，气管内充满气体，呈银白色。体内各器官组织上均有气管分布。

蝗虫体内气管主要有 6 条粗大的纵干，各纵干间有横走的气管相连成网状，气管经多次分支后深入全身各部位。你见到在哪些器官上有气管分布?取下一段气管做临时封片，在高倍镜下观察可见气管内壁有呈黑色的螺旋状细纹，称螺旋丝，为气管内壁的外表皮增厚部分(这种结构的功能是什么？)。

气囊：蝗虫等长距离飞行的种类，腹部两侧气管上的一些大型囊状结构，即气囊，是由部分气管膨大而成的，可增加飞行时的通气量，具有降低体温的作用。

微气管：微气管是分布到呼吸组织上的极微细的气管，因太细小，解剖镜下无法观察到(昆虫的呼吸系统与你所了解的其他动物的呼吸系统在结构上有何差异?它是如何实现气体的运输功能的?)。

2)生殖系统(图 13-4)。掀开背面体壁后，首先见到的就是位于消化道背面的生殖腺。

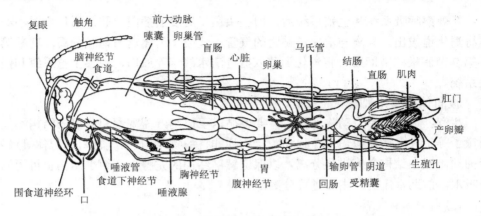

图 13-4　蝗虫内部解剖结构图（姜乃澄和丁平，2007）

雌性生殖器官

卵巢：掀开背部体壁，在腹部消化道上方可见到一长列呈"人"字形排列的小管，即卵巢管。蝗虫的卵巢由数十条这样的小管组成，分左右两列。每一条小管有若干个卵室，内有处于不同发育阶段的卵粒。发育成熟的卵巢基部末端的卵室常呈圆柱形，内含长圆形的成熟卵。两侧的卵巢管各自直接开口于同侧的输卵管萼，输卵管萼通输卵管。每条卵巢管细长的端部汇集成鞭状的悬韧带。

输卵管：一对，管状，两输卵管绕至消化道腹面后，合并成一条中输卵管。

阴道：连接在中输卵管下方的一段较粗的短管，开口于生殖孔。

雄性生殖器官

精巢：一对，位于腹部消化道的背面，由两列精巢管合在一起组成。

输精管：一对，从精巢腹面两侧通出的细管。

射精管：是两输精管汇合后的一段较粗的管道。

储精囊：一对，通射精管。

阴茎：是射精管末端膨大部分，开口在下生殖板的背面。

副性腺：也称雄性附腺，在射精管的前端，为两丛细管状腺体，储精囊包在副性腺丛中。

3) 消化系统。消化系统包括消化道和消化腺两部分。

消化腺：为一对唾液腺。观察腹面体壁，在胸部可见到在黄褐色的肌肉上有一些乳白色的葡萄串状结构，即为唾液腺，有一对导管通向前端，汇合后通口腔。

消化道：分为前肠、中肠和后肠。

前肠包括口腔、咽、食道、嗉囊、前胃、中肠和胃盲囊等结构。

口腔：位于口器内的空腔。

咽：位于口器之后，为肌肉质较厚的一段短管。

食道：位于咽后的一段细管。

嗉囊：位于食道后最膨大部分的一段管道，用于储存未及消化的食物。

前胃：位于嗉囊之后、较嗉囊略细的一段粗管（在完成绘图后可剪开前胃，在内壁上可见有角质小齿）。

中肠（即胃）位于前胃后面，较粗。在中肠与前胃交界处有 6 条呈指状突起的胃盲囊，每条胃盲囊由前、后二叶组成。胃盲囊扩大了中肠的消化、吸收面积，是蝗虫消化、吸收食物的主要场所。

后肠包括回肠、结肠和直肠等结构。

回肠：中肠后一段较粗的肠管。

结肠：回肠后一段较细的肠管，常有弯曲折叠（仔细剔除围在肠子周围的气管和马氏管，看清结肠的形态）。

直肠：结肠后一段粗大的肠管，其末端通肛门，肛门开口在肛上板之下。在解剖镜下观察可见直肠上有纵向带状突起，在突起部的肠壁内有直肠垫结构，与食物残渣中水分及无机离子的重吸收有关。

4）排泄系统。排泄器官为马氏管，约有 100 多条，为黄白色的细长小管，基部开口在中、后肠交界处的肠腔内，末端游离。去除一小段马氏管，寻找马氏管的着生部位。为数众多的马氏管是如何从消化道上伸出的?它着生的精确位置在哪里?在绘图中表达清楚。取一小段马氏管制作临时封片，在显微镜下观察，其与气管结构有何区别?

5）循环系统。由背血管和血体腔组成。将背面体壁放入盛有清水的培养皿中，在解剖镜下操作和观察。在解剖镜下可见到体壁内侧有一层呈网状的膜，即体腔膈膜（背膈）。除去膈膜，可见到在中央有一条半透明的细长管道，即为背血管。背血管前端开口，伸至头部，后端封闭，由两部分组成。前面部分为均一的管子，即大动脉；后面部分为心脏，被连续的缢缩分隔成一系列心室。血体腔为在体壁与内脏器官之间的空腔，被背膈和腹膈分割为三个区域。蝗虫的循环系统属哪种类型?

6）神经系统。将腹面体壁放入盛有清水的培养皿中，在解剖镜下操作和观察。将头壳从两侧剪开，小心除去头壳、肌肉，留下脑及神经组织（注意：脑和神经是十分稚嫩的组织，不能用镊子直接捏取，而是钳住要去除的组织，将其剔除，使脑和神经保留下来）。

脑：位于头的背部，食道前上方，呈淡黄白色。由三对神经节组成，可分成前脑、中脑和后脑三部分。前脑为最前端的一对神经节，两侧有两个锥形的视叶；中脑位于前脑后方，有神经分支至触角；后脑位于中脑后方，向后发出两条围食道神经，与食道下神经节相连。

食道下神经节：位于食道下方，有神经分支至口器。

腹神经索：位于食道下神经节之后、消化管的腹面。由胸部 3 个神经节和腹部 5 个神经节及 2 条神经索共同组成，再由神经节发出神经分支至身体各部。

【作业与思考】

绘制蝗虫内部解剖结构图，并标明主要结构名称。

实验 14　昆虫的分类

【目的与要求】

1. 学习昆虫分类的基本知识，初步学会检索表的使用和制作方法；
2. 了解昆虫纲各重要目的主要特征；
3. 认识一些常见代表种类及重要的经济昆虫。

【实验材料】

各种昆虫成虫的干制针插标本或浸制标本，部分卵块、幼虫和蛹的浸制标本。

【用具与药品】

显微镜、解剖镜、放大镜、镊子、解剖针。

【操作与观察】

1. 昆虫分类的常用术语

(1) 口器

1) 咀嚼式口器。在观察棉蝗头部之后，用镊子依次将口器的上唇、一对上颚、一对下颚、下唇和中央一个囊状的舌拉下，然后将取下的每一部分放在蜡盘或培养皿中，排好位置，加少量水用放大镜进行观察。

上唇：一个。位于唇基的下面，内壁柔软具毛和味觉器的称内唇。上唇有帮助食物进口的功用。

上颚：一对。位于上唇的下面，棕褐色，上颚特别发达且坚硬，内侧有齿。上颚用来切碎和咀嚼食物。

下颚：一对。位于上颚的下面，其外侧各有一下颚触须，有触觉作用。下颚可用来抱持食物和帮助上颚咀嚼食物。

下唇：一对，位于下颚的下方，成长时合并为一，形成口器的下覆盖，在其基部为一弯月形的亚颏，亚颏上方为颏，颏上方为前颏，中间有一对较小的中唇舌，前端外侧有一对较大的侧唇舌，在前颏两侧有一对下唇触须。下唇有防止食物逃逸的作用。

2) 刺吸式口器(图 14-1)。上下颚变成针状，隐藏在由下唇延长的喙内，吸血或吸取植物液汁。观察雌库蚊的口器玻片标本，先在低倍镜下找出上唇和下唇，然后不断转动细调节器，在口针的末端，根据形态特点，仔细找出口器的其他部分。

上唇：口针中最粗的一根，为一条细长的剑状物，内壁凹陷与舌包成食物道。

上颚：一对，是口针中最细的两根，其末端稍膨大呈刀状。

下颚：一对。其末端尖锐具细齿，下颚基部有较短的下颚须。

下唇：一个。较粗大，呈喙状，中央有纵沟槽，下唇末端有两个小唇瓣。

舌：一个。为细长扁平的针状。

3) 虹吸式口器 (图 14-2)。

上唇：呈一块短阔状的小片，位于唇基前和口器的基部。

上颚：消失。

下颚：两个颚外叶极度延长，其内壁各有一条纵沟，两外叶有沟的一面相互嵌合成细长的吸管，液体食物由吸管吸入口中，不用时即卷于头下方。用时可伸长深入花中，吸取蜜汁或水滴等液体食物。

下唇：仅剩下一对下唇须，位于下唇的两侧。

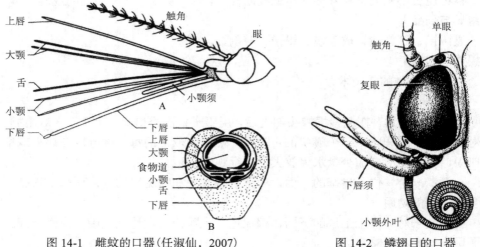

图 14-1　雌蚊的口器 (任淑仙, 2007)
A. 头及分离的口针；B. 口器的横切面

图 14-2　鳞翅目的口器
(任淑仙, 2007)

4) 舐吸式口器 (图 14-3)。除上唇、下颚须、舌及下唇外，其余上颚、下颚及下唇须等均退化，下唇特别发达，末端特化成唇瓣，适于舐吸半液体食物。观察家蝇的口器。

上唇：为一长三角形，内壁凹陷与舌包成食物道。

上颚：退化。

下颚：本身退化，但下颚须仍存在。

舌：在上唇的下方。

下唇：发达。其末端特化为一对唇瓣，上有很多环沟称为假气管。

5) 嚼吸式口器 (图 14-4)。上颚发达，用以咀嚼食物，下颚和下唇延长成为吮吸的结构，适于吸取花蜜或其他液体食物。

上唇：位于唇基的前缘，是一简单的横片。

上颚：位于头的两侧，呈匙状，内侧生有锯齿，其功能为磨碎花粉粒、调蜡及帮助喂养幼虫等。

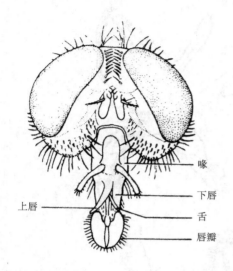

图 14-3 家蝇的口器(任淑仙，2007)　　　　图 14-4 蜜蜂的口器(任淑仙，2007)

下颚：位于下唇的两侧，有发达的下颚外叶及退化的下颚须。

下唇：位于下颚的中央，是口器中最特化的部分，有一对下唇须和两侧唇舌及一中唇舌，中唇舌和下唇须延长，中唇舌的腹面凹陷成一纵槽，末端膨大成匙形的中唇瓣。

(2)足

昆虫的足有多种不同的类型(图 14-5)。

步行足：腿节、胫节和跗节均细长，适于步行。观察蝤蟆步行虫或蝽象的足。

跳跃足：腿节特别膨大，胫节细长，适于跳跃。观察蝗虫或蟋蟀的后足。

捕捉足：基节延长，腿节的腹面有槽。胫节可折嵌在腿节的槽内，形似折刀，适于捕食其他昆虫。观察螳螂的前足。

开掘足：胫节宽扁有齿，适于掘土。观察蝼蛄的前足。

游泳足：胫节和跗节均扁平，边缘具长毛，适于游泳。观察松藻虫或龙虱等水生昆虫的后足。

抱握足：跗节特别膨大，其上有吸盘状的构造，交配时用以抱握雌虫。观察雄性龙虱的前足。

携粉足：胫节宽扁，两边有长毛相对环抱，形成花粉篮，第 1 跗节膨大，内侧具有数排横列的硬毛，用以刷刮附着在体上的花粉。观察蜜蜂(工蜂)的后足。

攀缘足：胫节后端有指状突起与跗节和末端弯曲的爪相对，适于握持毛发。观察虱的足。

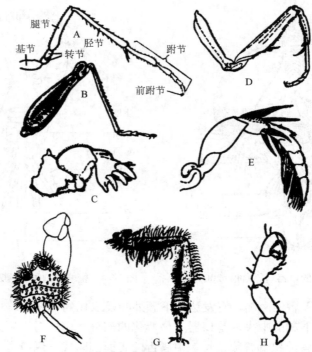

图 14-5　昆虫的各种足（任淑仙，2007）

A. 步行足（蝗螂）；B. 跳跃足（蝗虫的后足）；C. 游泳足（龙虱的后足）；D. 捕捉足（螳螂的前足）；E. 开掘足（蝼
　蛄的前足）；F. 攀缘足（头虱）；G. 采粉足（蜜蜂的后足）；H. 贴附足（家蝇的足末端）

（3）触角

昆虫的触角由三节组成，依次为梗节、柄节和鞭节组成。鞭节又分许多亚节，在各类型触角中鞭节变化最大，触角可分为以下类型（图 14-6）。

丝状：整个触角细长如丝，鞭节各节粗细大致相似。观察蝗虫或蟋蟀的触角。

刚毛状：触角短，基部第 1~第 2 节较粗，鞭节纤细，整个触角似刚毛状。观察蜻蜓或蝉的触角。

念珠状：鞭节各节形圆而大小相似，相连像一串念珠。观察白蚁的触角。

锯齿状：鞭节各节向一侧突出，略呈三角形。观察叩头虫或芫菁的触角。

栉齿状：鞭节各节向一侧突出，呈细枝状，形似梳齿。观察雌性蛾类触角。

羽状：鞭节各节向两侧突出，形似鸟羽。观察雄性小地老虎的触角。

球棒状：鞭节的端部数节渐膨大，下部若干节形成一很长的细杆。观察蝶类触角。

锤状：类似球杆状，但端部数节突然膨大成锤状。观察郭公虫的触角。

环毛状：鞭节各节生有一圈细毛，越近基部的越长。观察雄性蚊类的触角。

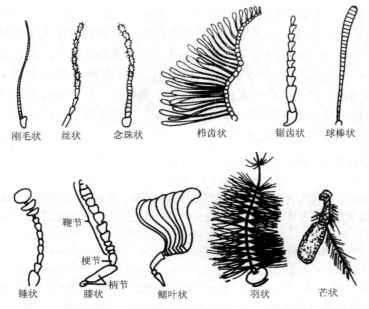

图 14-6　各种类型的触角(任淑仙，2007)

鳃叶状：鞭节端部数节呈片状，叠合在一起形似鱼鳃。观察金龟子或瓢虫的触角。

膝状：触角第 1 节特别长，与其余部间折成一角度，状似膝。观察蜜蜂或胡蜂的触角。

芒状：触角粗短，一般仅 3 节，第 1 和第 2 节短小，第 3 节粗而长，上有针状的触角芒。观察蝇类的触角。

(4) 翅

昆虫的翅有多种不同的类型，主要包括：膜翅(蜂类)，革翅(蝗虫的前翅)，鞘翅(金龟子的前翅)，半鞘翅(蝽类的前翅)，平衡棒(蚊、蝇)，鳞翅(蛾、蝶)，缨翅(蓟马)，毛翅(石蚕蛾)等。

(5) 变态

昆虫的变态类型包括渐变态(蝗虫)、半变态(蜻蜓)和完全变态(蚕)等不同类型。

2. 怎样使用检索表

在检索表左边列有 1、2、3、4、5、……等数字，而在每一数字后均有两条相对的特征描述，在特征描述之后则有引导线连接一个数字或某个分类单元(右边)。当我们拿到一个生物标本时，应先从左边的第 1 数字查起，如果符合第 1 数字中的第 1 条特征，就顺着后面所指的数字继续查下去，一直查到这个标本是属于哪一个分类单元为止。如果与第 1 数字的第 1 条特征不符，就查与此相对的第

当前无法访问这段文字，需要你查看图片

2 条特征。例如，你拿到的是一只菜粉蝶，就先查检索表上的第 1 数字，这两条中的第 2 条所描述的特征与菜粉蝶的特征是符合的，此时即可继续查阅此条后面所指的数字 24；在 24 中的上下两条特征中，第 2 条特征符合，则查其后面所指的数字为 33，再在 33 数字中去查，如此继续，最后查到 41 数字的第 1 条，其后面写的是鳞翅目，说明这个标本(菜粉蝶)属于鳞翅目。在使用检索表时，必须注意要在每条特征确定无疑问后，再转至另一条，否则易发生差错。

3. 昆虫纲各目成虫检索表

1. 无翅，或有极退化的翅 ·· 2
   有翅 ·· 24
2. 无足，似幼虫、头和胸愈合。内寄生于膜翅目、同翅目、半翅目、直翅目等许多昆虫体内，
   仅头胸部露出寄主腹节外 ··· 捻翅目(雌) (Strepsipetera)
   有足，头和胸部不愈合，不寄生于昆虫体内 ·· 3
3. 腹部除外生殖器和尾须外，有其他附肢 ·· 4
   腹部除外生殖器和尾须外，无其他附肢 ·· 7
4. 无触角，腹部共 12 节，第 1~3 节各有一对短小的附肢 ················· 原尾目(Protura)
   有触角，腹部最多 11 节 ··· 5
5. 腹部只有 6 节或更少，第 1 腹节有腹管突，第 3 腹节有握钩，第 4 或第 5 腹节有一分叉的跳
   器 ··· 弹尾目(Collembola)
   腹部多于 6 节、无上述 3 对附肢，但有成对的针突或突胞等附肢 ····················· 6
6. 有一对长而分节的尾须或坚硬不分节的尾铗，无复眼 ················· 双尾目(Diplura)
   除一对尾须外，还有一条长而分节的中尾丝，有复眼 ············· 缨尾目(Thysanura)
7. 头延长成喙状 ··· 长翅目(Mecoptera)
   头正常形 ·· 8
8. 口器为咀嚼式 ··· 9
   口器为刺吸式、舐吸式或虹吸式等 ·· 19
9. 腹部末端有一对尾须(或呈铗状) ··· 10
   腹部无尾须 ·· 16
10. 尾须呈坚硬不分节的铗状 ··· 革翅目(Dermaptera)
    尾须不呈铗状 ·· 11
11. 前足第一附节特别膨大，能纺丝 ····································· 纺足目(Embioptera)
    前足第一附节不特别膨大，不能纺丝 ·· 12
12. 前足为捕捉足 ··· 螳螂目(Mantodea)
    前足非捕捉足 ·· 13
13. 后足为跳跃足 ·· 直翅目(Orthoptera)
    后足非跳跃足 ·· 14
14. 体扁，前胸背板大，常盖住头的全部 ································· 蜚蠊目(Blattaria)
    体不扁，头不为前胸所盖 ·· 15
15. 体细长似杆状，触角丝状，尾须不分节 ·························· 竹节虫目(Phasmida)

　　体非杆状，触角念珠状，尾须 2~6 节，社群性昆虫·················· 等翅目(Isoptera)

16. 跗节 3 节以下 ··· 17
　　跗节 4 节或 5 节 ··· 18

17. 触角 3~5 节，外寄生于鸟类或兽类体上 ··················· 食毛目(Mallophaga)
　　触角 23~15 节，非寄生性 ································· 啮虫目(Corrodentia)

18. 腹部第 1 节并入后胸，第 1 和第 2 节之间紧缩或成柄状··········膜翅目(Hymenoptera)
　　腹部第 1 节不并入后胸，也不紧缩 ······················· 鞘翅目(Coleoptera)

19. 体密被鳞片或密生鳞片，口器为虹吸式 ················· 鳞翅目(Lepidoptera)
　　体无鳞片，口器为刺吸式、舐吸式或退化 ································ 20

20. 跗节 5 节 ··· 21
　　跗节 3 节以下 ··· 22

21. 体侧扁(左右扁) ····································· 蚤目(Siphonaptera)
　　体不侧扁 ··· 双翅目(Diptera)

22. 跗节端部有能伸缩的泡，爪很小 ····················· 缨翅目(Thysanoptera)
　　跗节端部无能伸缩的泡 ··· 23

23. 足具 1 爪，适于攀附在毛发上，外寄生于哺乳动物 ·········· 虱目(Anoplura)
　　足具 2 爪，如具 1 爪，则寄生于植物上，极不活泼或固定不动，体呈球状、介壳状等，常
　　披有蜡质胶等分泌物 ································· 同翅目(Homoptera)

24. 有翅 1 对 ··· 25
　　有翅 2 对 ··· 33

25. 前翅或后翅特化成平衡棒 ··· 26
　　无平衡棒 ··· 28

26. 前翅形成平衡棒，后翅很大 ····················· 捻翅目(雄)(Strepsiptera)
　　后翅形成平衡棒，前翅很大 ··· 27

27. 跗节有 5 节 ······································· 双翅目(Diptera)
　　跗节仅 2 节(雄介壳虫) ····························· 同翅目(Homoptera)

28. 腹部末端有 1 对尾须 ·· 29
　　腹部无尾须 ··· 31

29. 尾须细长而多节(或另有一条多节的中尾丝)，翅竖立背上·············蜉蝣目(Ephemeroptera)
　　尾须不分节，多短小，翅平复背上 ··· 30

30. 跗节 5 节，后足非跳跃足，体细长如杆或扁宽如叶片··········竹节虫目(Phasmida)
　　跗节 4 节以下，后足为跳跃足 ························· 直翅目(Orthoptera)

31. 前翅角质，口器为咀嚼式 ····························· 鞘翅目(Coleoptera)
　　翅为膜质，口器非咀嚼式 ··· 32

32. 翅上有鳞片 ······································· 鳞翅目(Lepidoptera)
　　翅上无鳞片 ······································· 缨翅目(Thysanoptera)

33. 前翅全部或部分较厚，为角质或革质；后翅为膜质 ······················· 34
　　前翅与后翅均为膜质 ··· 41

34. 前翅基半部为角质或革质，端半部有膜质 ················· 半翅目(Hemiptera)

53. 后翅基部宽于前翅，有发达的臀区，休息时后翅臀区折起，头为前口式 ·················
······························· 广翅目 (Megaloptera)
　　后翅基部不宽于前翅，无发达的臀区，休息时也不折起，头为下口式 ·············54
54. 头部长；前胸圆筒形，很长，前足正常。雌虫有伸向后方的针状产卵瓣 ·················
······························· 蛇蛉目 (Raphidiodea)
　　4. 示范不同类型的节肢动物：鲎、圆网蛛、蝎、蜈蚣等
【作业与思考】
　　1. 编制 5~6 种昆虫的检索表。
　　2. 通过查阅检索表给以下常见的昆虫分类到目：蝗虫、蜜蜂、蚂蚁、衣鱼、金龟子、蜻蜓、家蚊、凤蝶、虱子。

实验 15　海星及其他棘皮动物

【目的与要求】
1. 掌握与了解海星的躯体结构和生活方式;
2. 认识一些其他棘皮动物。

【实验材料】
海星的浸制标本和腕的横切面标本,海胆、海参、脊羽枝浸制标本。

【用具与药品】
放大镜、解剖刀、解剖剪、镊子、解剖盘。

【操作与观察】
海星(*Asterias rollestoni*)属于棘皮动物门(Echimodermata)、游走亚门(Eleutherozoa)、海星纲(Asteroidea),俗称海盘车,居于海底。

1. 海星的解剖

取海星的浸制标本,放在解剖盘中,加水少许,用放大镜观察其外部形态、体表的棘突、棘钳和皮鳃。再用镊子和解剖剪将反口面的中央盘及远筛板除去,小心保留筛板和肛门,在显微镜下通过腕的切片标本观察其构造。

2. 海星结构观察

(1)外形

海星呈星状,有 5 腕,中央部分称为中央盘,上为隆起的反口面,有紫色和白色相间的花纹,外皮多棘突、棘钳和皮鳃。近中央处有一筛板(madreporite)。肛门较近中央,生殖孔位于每两腕间,不易观察。下面为扁平的口面,中央为口,有口缘膜,成五角形,各通 5 步带沟(ambulacral groove),沿沟两旁,有管足(tube feet)4 列,又有步带棘多列,腕端各有眼点和触手(图 15-1)。

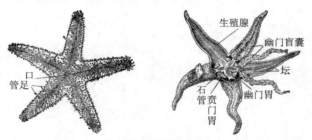

图 15-1　海星的外形(徐芳南,1958)

(2)内部构造

1)消化系统:除去中央盘和反口面的体壁,保留筛板,在中央盘中可见消化系统各构造(图 15-2 和图 15-3),口居中央盘口面的中央,其下接一极短的食道,下为一大而薄壁的贲门胃，紧接下端为幽门胃，幽门胃由五角延长至各腕中，形成 5 对幽门盲囊，每一盲囊具有二系膜，使其悬于腕部反口面的体壁，幽门胃后接肠，由肛门通出，肠极短，亦有 5 个盲囊。

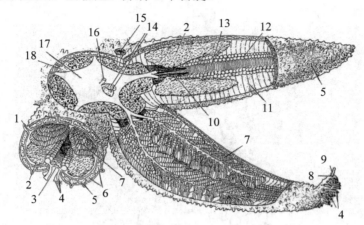

图 15-2　海星的内部构造（刘凌云和郑光美，1997）

1. 皮鳃；2. 生殖腺；3. 步带沟；4. 管足；5. 棘；6. 骨板；7. 幽门盲囊；8. 眼点；9. 触手；10. 胃缩肌；11. 体腔；12. 坛；13. 步带板；14. 肠盲囊；15. 筛板；16. 肛门；17. 贲门胃；18. 幽门胃

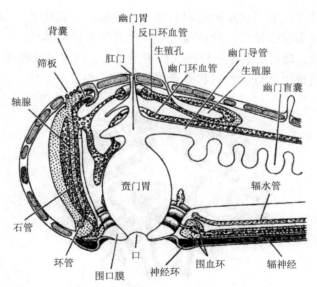

图 15-3　过海星腕及体盘的纵切（Brusca R C and Brusca G J，2002）

2）水管系统（ambulacral system）。

筛板：为水管系统的开端，水由此流入，如同筛子。

石管（stone canal）：上接筛板，下与围口的水管环相接。

　　环水管：分出辐水管（adial canal）5 个，伸入各腕，直达腕部末端，形成管足，管足末端为囊状的罎（ampulla），有储藏水的功能（图 15-4）。

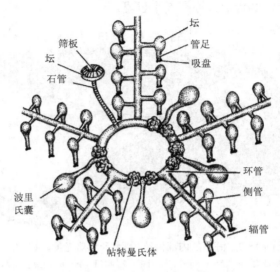

图 15-4　海星的水管系统（Brusca R C and Brusca G J，2002）

　　3）呼吸和排泄：氧气由皮鳃吸取后送入体腔液，二氧化碳亦由此排出。排泄则由体腔液中变形细胞排出，最后通过皮鳃处的薄壁排出体外。

　　4）神经系统：最明显的是在口面的外神经系统，由围口神经环，分出辐神经，通入各腕，末梢神经连接于管足和眼点等器官（图 15-5）。

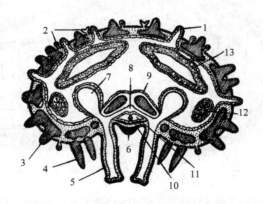

图 15-5　海星腕横切（江静波等，1995）

1. 皮鳃；2. 棘钳；3. 骨片；4. 棘；5. 管足；6. 辐神经；7. 坛；8. 辐管；9. 体腔膜；10. 辐血窦；11. 辐围血窦；12. 精巢；13. 幽门盲囊

　　5）生殖系统：雌雄异体。雄体具精巢 5 对，雌体具卵巢 5 对，各有 5

个生殖管通生殖孔。雌雄生殖巢外形相似，均为多岐的小管相集而成，状似羽毛。

6) 围血系统(perihaemal system)：包括口面的环窦、反口面的生殖窦及 5 条辐围血窦(haemal tissue)，环窦和生殖窦之间有轴窦(axial sinus)相连。轴窦内包括石管，轴窦和轴腺合称轴器(axial organ)(图 15-3)。

3. 其他棘皮动物的观察

1) 紫海胆(*Anthocidaris crassispina*)：属海胆纲(Echinoidea)，栖于海底的岩礁或沙泥上。体圆锥形，壁上有步带区和间步带区各 5 个，密生扁平有褐色斑纹的长棘，顶部的短棘，下部的棘甚长。管足分为数列，生于步带区上，棘与管足为行动器官。反口面有眼板、生殖板各 5 个，构成顶系(apical system)(图 15-6)。口面中央为口，口四周有围口膜，口内有亚氏提灯(Aristotle's lantern)，包含 5 块齿骨、5 个牙齿和灯腕，有咀嚼的功能(图 15-7)。步带区的底端，各有分支的鳃一对。各内部构造大致与海星相同(图 15-6)，消化管有一较长的食道及一迂曲的肠。

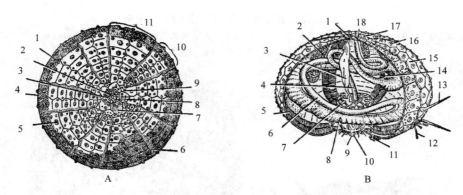

图 15-6　海胆壳的反口面及解剖(江静波等，1995)

A. 海胆壳的反口面：1. 间步带；2. 肛门；3. 围肛板；4. 步带；5. 疣突；6. 管足孔；7. 筛板；8. 生殖板；9. 眼板；10. 步带区；11. 间步带区

B. 海胆的解剖：1. 筛板；2. 生殖腺；3. 石管；4. 食道；5. 坛；6. 肠；7. 亚氏提灯；8. 胃；9. 口；10. 咀嚼器的齿；11. 鳃；12. 管足；13. 棘；14. 虹管；15. 壳；16. 疣；17. 生殖板；18. 肛门

2) 海参(*Holothuria*)：属于海参纲(Holothurioidea)，居于海边海底沙中。体为圆柱状，暗褐色，前端(相当口面)有触手，围绕在口的四周，后端(相当于反口面)为肛门。体壁亦分 5 个步带区，管足在腹面(三道区)排列成三个纵带，背和侧面的管足步明显，体面有突起无棘(图 15-8A)。

3) 刺蛇尾(*Ophiothrix*)：属于蛇尾纲(Ophiuroidea)、节腕目(Zygophiurae)，栖于浅海底。中央盘的直径约为 10mm，腕长 4~5cm(图 15-8B)。

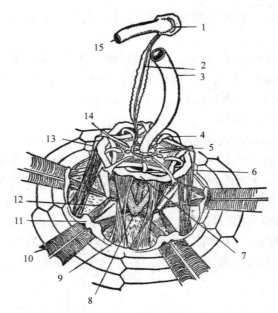

图 15-7　亚氏提灯的结构(徐芳南，1958)

1. 筛板；2. 石管；3. 食道；4. 韧带；5. 环水管；6. 提肌；7. 齿骨弧；8. 齿骨；9. 缩肌；10. 罍；11. 耳状骨壳；12. 伸肌；13. 下攀肌；14. 波氏囊；15. 直肠

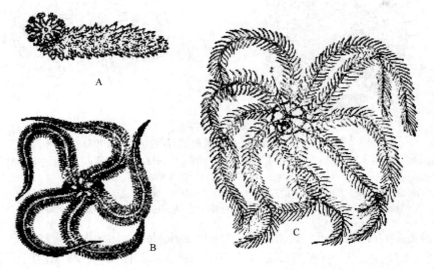

图 15-8　海参纲、蛇尾纲、海百合纲的代表(徐芳南，1958)

A. 海参；B. 蛇尾；C. 海羊齿

4) 海羊齿(*Antedon*)：属于棘皮动物门、有柄亚门(Pelmatozoa)、海百合纲(Crinoidea)，栖息于浅海岩礁间。有 10 个光滑的腕，中背板有羽枝 25~30 条，每条有 10~16 节，中央盘直径为 6mm。口和肛门同在口面，口在中央，肛门在两腕之间，距口不远（图 15-8C）。

【作业与思考】

　　1. 绘一海星外形图或海星的内部构造图，并注明各部分名称。

　　2. 通过实验观察总结棘皮动物的主要特征，并说明海星的特殊结构和生活方式的关系。

实验 16　文昌鱼的外形及内部解剖

【目的与要求】

1. 了解文昌鱼的形态与结构特点；
2. 掌握脊索动物门的主要特征；
3. 了解文昌鱼在动物界中的进化地位。

【实验材料】

文昌鱼的浸制标本、整体装片及过不同部位的横切片。

【用具与药品】

显微镜、解剖镜、培养皿等。

【操作与观察】

(1) 文昌鱼的外形观察 (图 16-1)

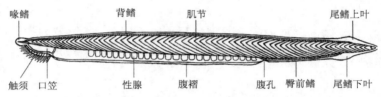

图 16-1　文昌鱼外形示意图 (仿 Tchang and Koo，1936)

将文昌鱼的浸制标本置于盛有少量清水的培养皿中，先肉眼观察其大小、形状、颜色，然后置于解剖镜下观察皮肤、背鳍、尾鳍、臀前鳍、腹褶、触须、肌节及生殖腺等构造。

1) 体形：文昌鱼无明显头部，无上下颌，成体的体长大多在 30~50mm，身体略侧扁，两端较尖，生活时略呈银白色，浸制标本呈白色 (乙醇固定) 或肉红色 (福尔马林固定)。

2) 口笠与前庭：体前端腹面的漏斗状结构为口笠，口笠的内腔为前庭，口笠边缘环生 40 余条触须，亦称口笠触手，向内弯曲形成筛状，防止大型沙粒入口。

3) 鳍和腹褶：文昌鱼没有偶鳍，但有由皮肤褶状突起形成的喙鳍、背鳍、尾鳍和臀前鳍，喙鳍位于身体最前端，背后端与体背正中线的背鳍相连，背鳍后端与尾鳍上叶相连，尾鳍比较宽大，分上、下叶，下叶前端连臀前鳍；喙鳍和尾鳍内没有鳍条，背鳍内有单列鳍条 (亦称鳍室)，臀前鳍内有两列鳍条。臀前鳍前方、身体腹面两侧成对的皮肤褶为腹褶，腹褶与臀前鳍的交界处有一个腹孔或称围鳃腔孔。在腹孔的后面，尾鳍与臀前鳍交界处的左侧有肛门。

4) 肌节：文昌鱼的皮肤很薄，透过皮肤可见身体两侧 "<" 形排列的肌节，其

尖端向前，依据肌节的方向可判断文昌鱼的前后方向。文昌鱼体侧各有 60 余个肌节，身体两侧的肌节呈交错排列。

5）生殖腺：文昌鱼雌雄异体，文昌鱼属（*Branchiostoma*）身体两侧都有呈方块状的性腺，分节排列于身体两侧，每侧的性腺有 20 余个，右侧一般比左侧多 1~2 个。生活时，性成熟的卵巢大多呈淡黄色，精巢呈白色，浸制标本不易区别。

（2）整体装片观察

用于制作整体装片的文昌鱼大多是性腺发育之前的亚成体，这样可以避免咽部的构造观察受性腺的影响。将整体装片置于显微镜低倍镜下观察，分辨其前后端和背腹面，观察以下各个结构（图 16-2）。

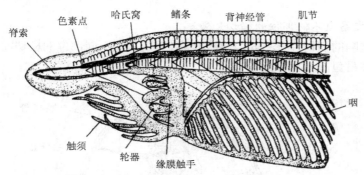

图 16-2　文昌鱼前端结构示意图（侯林和吴孝兵，2007）

1）鳍及鳍条：喙鳍和尾鳍没有鳍条，背鳍内有单列鳍条，臀前鳍内有左右两列鳍条，可通过显微镜微调加以观察。

2）背神经管：位于背鳍下方，为纵贯全身的管状结构，仅前端略微膨大（脑泡）。沿神经管的两侧有一系列黑色小点，称为脑眼，每个脑眼由一个感觉细胞和一个色素细胞组成，光线透过文昌鱼半透明的身体，射到脑眼，起到感觉作用。神经管前端有一个色素点，比脑眼大，称眼点，没有感光作用，而有挡光的作用。

3）脊索：位于背神经管腹面、消化道背方的一条纵贯全身的棒状结构，两端尖，其前端超出神经管之前一直延伸至最前端，故有头索动物之称。

4）触须、轮器与缘膜触手：文昌鱼身体前端腹面为一漏斗状的结构，称为口笠，口笠边缘有 40 余条突起，即触须（口笠触手）。口笠内的空腔为前庭，前庭深处引向口孔，口位于前庭深处，在一环形薄膜的中央，该薄膜称为缘膜。制作装片时经过压片后，缘膜呈条状。缘膜的边缘有 10 余条缘膜触手，经过压片后，缘膜触手不一定往同一方向。前庭底部的口笠内壁伸向前方的指状突起，称为轮器，轮器的搅动可使水流形成漩涡。

5）咽与围鳃腔：口后纺锤形膨大的部分为咽。咽侧壁有许多染色深的、背腹方向斜形的棒状物为鳃隔（鳃棒、鳃杆），两鳃隔之间的空隙为鳃裂；沿咽的背侧有一纵沟，称咽上沟或背板，其内衬有纤毛细胞，沿咽的腹侧有一纵沟，称咽下沟或内柱，内有腺细胞和纤毛细胞。咽的前端有围咽纤毛带，亦称围咽沟，连通咽上沟和咽下沟。咽外被一大腔环绕，此腔为围鳃腔。鳃裂开口于围鳃腔，围鳃腔以腹孔通体外。

6）肠与肝盲囊：咽后的直管为肠，前端较粗大，后端渐细，末端开口于尾鳍与臀前鳍交界处身体左侧的肛门。肠管起始部位的腹面伸出一个中空的盲囊突起，向前伸向咽的右侧，称为肝盲囊。在染色的装片中，可见肝盲囊的后部、肠管中有一段染色较深的部位，称为回结环，该部位肠管内有纤毛，混有黏液和消化液的食物团在此处被剧烈搅拌成螺旋状的环，使消化液彻底混匀，消化酶更好地起分解作用。

（3）过文昌鱼不同部位的横切片观察

先以过咽的横切片（图 16-3）进行观察，再以其他不同部位的横切面进行比较，加深理解文昌鱼的结构特点。

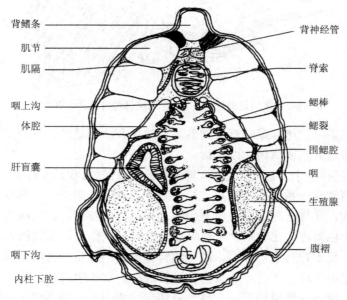

图 16-3　文昌鱼过咽横切面示意图（侯林和吴孝兵，2007）

1）皮肤：文昌鱼的皮肤很薄，表皮由单层柱状上皮构成，真皮仅为一薄层不定形冻胶状结缔组织。在制备横切片的过程中，由于肌节收缩，皮肤与肌节之间常有间隙。

2）背鳍与腹褶：体背中央的皮肤突起为背鳍，背鳍内由卵圆形鳍条所支持。体腹面两侧下垂的成对皮肤褶为腹褶。

3）肌节：肌节的横断面为块状，位于身体的背部和两侧，背部的较厚，近腹侧渐薄，肌节间有肌隔分开。围鳃腔腹面即左右腹褶之间有横肌。

　　4）背神经管：位于背鳍鳍条腹面、背部左右肌节之间，管中央的孔为神经管的腔，管的背方有一裂缝与管腔相通。

　　5）脊索：位于背神经管正下方，呈椭圆形，较神经管粗大，其周围有连同神经管也包围起来的脊索鞘。

　　6）咽：脊索腹方的大管状结构，咽两侧可见许多染色深的鳃杆的断面，鳃杆间的裂缝或腔隙即鳃裂。咽内背中线有一深沟，即咽上沟或背板，腹中线的深沟为咽下沟或内柱。围绕咽部两侧及腹侧的大空腔即为围鳃腔。

　　7）体腔：包括咽部背面两侧的两条狭管状腔隙及内柱下方的一狭小体腔。

　　8）肝盲囊：位于咽的右侧、卵圆形中空结构，结构特点与肠一样。由于贴片的方向不同，在视野下肝盲囊也有可能在咽鳃的左侧。

　　9）生殖腺：在围鳃腔壁的两侧。卵巢内的细胞大多含有大的细胞核，精巢呈条纹状。生殖腺的大小可因季节不同而异，因此不同切片中的情况不同。

　　过肠或过尾部等不同部位的横切面，其结构有所不同，可以对照过咽部的横切进行比较。

【作业与思考】

　　绘文昌鱼整体侧面图或过咽部横切面图，并注明各结构名称。

实验 17 鲤鱼的骨骼系统

【目的与要求】

通过对鲤鱼的骨骼系统的观察，掌握一般硬骨鱼类的骨骼的主要构造。

【实验材料】

鲤鱼整体骨骼和散装骨骼标本。

【用具与药品】

解剖盘、解剖镊、放大镜等。

【操作与观察】

鲤鱼骨骼系统可分为中轴骨骼和附肢骨骼。

1. 中轴骨骼

中轴骨骼包括头骨和脊柱。

(1) 头骨

头骨由脑颅和咽颅组成(图 17-1)。

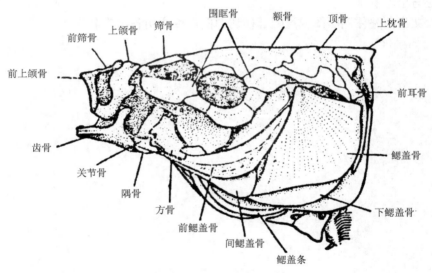

图 17-1 鲤鱼的颅骨(秉志，1960)

1) 脑颅：构成脑箱，容纳脑，由以下几个部分组成。

枕部：构成脑箱的后部，包括上枕骨(1 块)、外枕骨(1 对)和基枕骨(1 块)。这 4 块围成一个三角形的枕骨大孔，脊髓通过该孔与脑相连。基枕骨腹面有一近盾状凹面，其上有胖胝垫(图 17-2)。

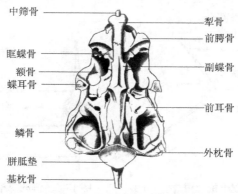

中筛骨
犁骨
前腭骨
眶蝶骨
副蝶骨
额骨
蝶耳骨
前耳骨
鳞骨
胼胝垫
外枕骨
基枕骨

图 17-2　鲤鱼头骨本体腹面观（秉志，1960）

顶部：构成脑颅的顶部，包括一对顶骨和一对额骨。

鼻部：构成脑颅前部，包括筛骨、前筛骨、鼻骨和外筛骨。

腭骨：构成脑匣底部，包括犁骨、副蝶骨、眶蝶骨和腭骨。

耳部：包围内耳的小骨，包括翼耳骨、鳞骨、后颈骨、上耳骨、前耳骨和蝶耳骨。

2)咽颅：支持咽部骨骼，包括颌弓、舌弓和鳃弓。

颌弓：包括前颌骨、上颌骨、翼骨、中翼骨、后翼骨、方骨、齿骨、关节骨和隅骨各 1 对。

舌弓：位于颌弓之后，包括舌颌骨、基舌骨、尾舌骨、下舌骨、角舌脚、上舌骨和间舌骨。其中，舌颌骨前端通过续骨与颌弓相连、后端与脑颅相连，该连接方式称为舌接式。

鳃弓：由 5 对骨骼组成，支持鳃部。前 4 对的构成基本相似，第 5 对特化成咽骨，其上着生有咽齿（图 17-3）。

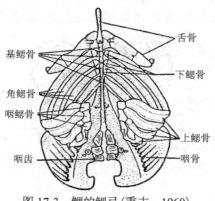

基鳃骨
舌骨
下鳃骨
角鳃骨
咽鳃骨
上鳃骨
咽齿
咽骨

图 17-3　鲤的鳃弓（秉志，1960）

(2)脊柱

由躯干椎约 17 节（图 17-4）和尾椎约 18 节（图 17-5）组成，每一脊椎骨构造大致相同，包括以下几个部分。

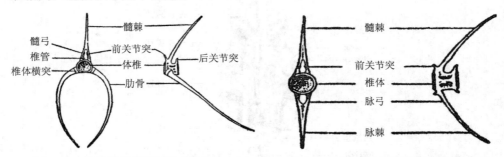

图 17-4　鲤的脊椎（躯干椎）（秉志，1960）　　图 17-5　鲤的脊椎（尾椎）（秉志，1960）

1）椎体：双凹型，中央有小孔。两椎体凹窝内和中央小孔里尚有残存脊索，残存脊索呈链珠状。

2）椎弓：椎体背面呈弓形的部分。

3）椎棘：椎弓背中央向后斜的突起。

4）椎孔：椎体和椎弓围成的孔，有脊髓通过。

5）前关节突：椎弓基部前方的一对尖形小突起。

6）后关节突：椎体后方的一对突起，与后一椎体的前关节突相联结。

7）横突：椎体基底部膨大，连接椎体和肋骨，尾椎无横突。

8）肋骨：通过横突与椎体相连，末端渐细，尾椎无。

9）脉弓：尾椎椎体腹面呈弓形部分，躯干椎无。

10）脉孔：尾椎椎体与脉弓围成的孔，内有尾动脉穿过，躯干椎无。

11）脉棘：尾椎脉弓腹中央向后斜的突起。

此外，鲤鱼与其他鲤科类一样，在前几个脊椎骨附近有4块小骨头构成韦伯氏器，此即鳔和内耳的联络器官，这4块小骨头包括：三脚骨、间插骨、舟骨和闩骨（图17-6）。

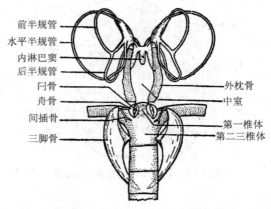

图 17-6　鲤鱼的韦伯氏器及其附近的结构（秉志，1960）

2. 附肢骨骼

附肢骨骼为支持鳍的骨骼，包括带骨和鳍担骨，它们都不与脊柱直接相连。

1) 肩带：肩带支持胸鳍，位于胸部的左右两侧，由上锁骨、锁骨、中喙骨、喙骨、肩胛骨和后锁骨组成（图 17-7）。

2) 腰带：腰带支持腹鳍，由一对基翼骨（或称无名骨）构成（图 17-8）。

3) 鳍担骨：奇鳍和偶鳍的基部均有鳍担骨支持，连接辐射排列的鳍条。

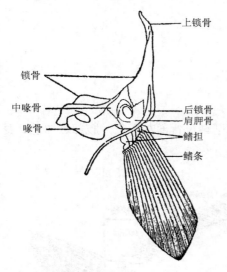

图 17-7 鲤的肩带与胸鳍（秉志，1960）　　图 17-8 鲤的腰带和腹鳍（秉志，1960）

【作业与思考】

绘出典型鲤鱼躯干椎和尾椎前面观示意图并注明各部分构造的名称。

实验 18　鲤鱼的外形与解剖

【目的与要求】

　　1. 掌握鲤鱼的外部形态和内部构造，了解一般硬骨鱼类的主要特征；

　　2. 学习并掌握硬骨鱼类的解剖方法。

【实验材料】

　　活鲤鱼。

【用具与药品】

　　解剖盘、解剖剪、解剖镊、脱脂棉等。

【操作与观察】

　　1. 外形

　　鲤鱼的体呈纺锤形，略侧扁。体表被圆鳞，背部灰黑色，腹部近白色。身体分为头、躯干和尾三部分(图 18-1)。

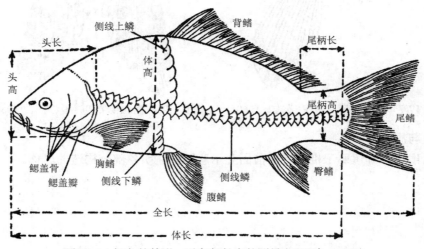

图 18-1　鲤鱼的外形，示各部长度的测量(丁汉波，1983)

　　(1)头部

　　从身体的最前端至鳃盖骨的后缘为头部。

　　1)口：位于头部前端(口端位)。鱼类口的形状和位置因其食性不同而有不同。

　　2)须：鲤有触须两对(吻须一对，较长；颌须一对，较短)。触须上分布有味蕾，司味觉作用，可辅助鱼类觅食。

　　3)眼：一对，位于头部两侧，大而圆。无眼睑和瞬膜，眼完全裸露不能闭合，无泪腺。

4)鼻：外鼻孔一对，位于吻的背面、眼的上方。每侧鼻孔均有由皮膜隔开的前后排列两个孔，司嗅觉作用。鼻孔不通口腔，不是呼吸通道。

5)鳃盖和鳃孔：眼后头部两侧为宽扁的鳃盖，其后缘有鳃盖膜，借此膜密闭鳃孔。鳃盖后缘的开口即为鳃孔。

(2)躯干部和尾部

自鳃盖后缘到肛门为躯干部，自肛门至尾鳍基部为尾部。

1)鳞：躯干部和尾部体表被以覆瓦状排列的圆鳞。

2)侧线：鱼体两侧从鳃盖后缘至尾部可见一列穿有小孔的鳞片，称为侧线鳞。侧线鳞由前至后排列起来，在体侧形成一条虚线，即为侧线。侧线为体表感觉器官。

3)鳍：鳍分为奇鳍和偶鳍。

奇鳍包括：背鳍、臀鳍和尾鳍。背鳍位于身体背面，较长。臀鳍位于身体腹面、肛门后面，较短。尾鳍位于身体末端，属正尾型，分为上下对称的两叶。

偶鳍包括：胸鳍和腹鳍。胸鳍 1 对，位于鳃盖后方左右两侧。腹鳍一对，位于腹部，属腹鳍腹位。

4)泄殖孔：位于臀鳍起点基部前方，紧靠臀鳍。泄殖孔为输尿管和生殖导管汇合后在体外的开口。

5)肛门：位于泄殖孔前方，紧靠泄殖孔，为消化道在体外的开口。

2. 内部解剖

操作：取一活鲤鱼放在解剖盘里，使其腹部向上。用解剖剪从肛门前方开始向前剪开，沿腹中线剪到下颌之后，再使鱼侧卧，左侧向上，自肛门前的开口处向背方剪开，沿脊椎下方剪到鳃盖后缘，再沿鳃盖后缘剪到胸鳍之前，除去左侧体壁(注意，剪时刀口向上，以免损伤内脏)，露出内脏器官(图 18-2)进行观察。

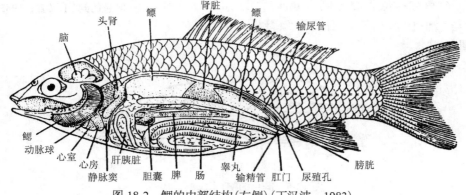

图 18-2　鲤的内部结构(左侧)(丁汉波，1983)

(1)消化系统

消化系统由消化道(口腔、咽、食道、肠和肛门)和消化腺(肝胰脏等)组成。

图 18-3　鲤鱼的下咽齿(丁汉波，1983)

1)口腔：颌无齿、表面有黏膜，腔底有一不能移动的三角形舌。

2)咽：两侧为鳃，上为胛胝垫，下有咽齿(图 18-3)。

3)食道：咽后方，很短，背面通有鳔管。

4)肠：曲折盘旋于腹腔，为体长的 2~3 倍，前粗后细，分化不明显，大小肠无明显的界限，肠的前部 2/3 为小肠，后部 1/3 为大肠。最后由独立的肛门通到体外。

5)肝胰脏：暗红色，弥散状，覆盖在肠各部之间。

6)胆囊：圆形、深绿色，埋于肝胰脏内。由胆囊发出粗短的胆管，开口于肠前部。

(2)呼吸系统

呼吸系统主要是鳃，由鳃弓、鳃片和鳃耙组成(图 18-4)。

1)鳃弓：5 对，位于咽两侧。

2)鳃片：由鳃丝组成片状物，鲜活时呈鲜红色。第 1~第 4 对鳃弓上各长有 2 个鳃片，每个鳃片称为半鳃，长在同一鳃弓上的 2 个鳃片基部愈合，合称为全鳃。

3)鳃耙：鳃弓内侧有两列三角形突起，对鳃片有保护作用。

4)鱼鳔：位腹腔背侧，分前后两室，前室与韦伯氏器相连，后室有鳔管通于食道(图 18-5)。

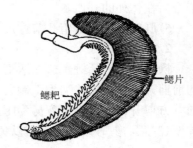

图 18-4　鲤鱼的鳃(丁汉波，1983)

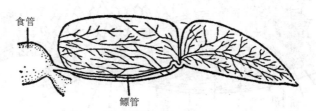

图 18-5　鲤鱼的鳔(丁汉波，1983)

（3）循环系统

主要观察心脏结构、腹大动脉及入鳃动脉。

小心剪开围心腔，可见心脏由静脉窦、一心房和一心室组成（图 18-6）。

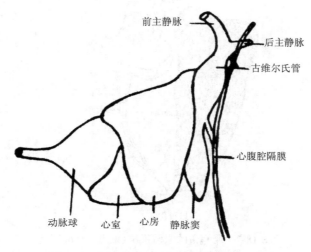

前主静脉

后主静脉

古维尔氏管

心腹腔隔膜

动脉球　　心室　　心房　　静脉窦

图 18-6　鲤鱼的心脏（上海水产学院，1982）

1）动脉球：心脏前端白色圆锥状部分，系腹大动脉基部膨大形成，本身不会搏动，不属于心脏结构。

2）心室：位于动脉球后，淡红色倒圆锥形部分，壁较厚，为心脏搏动中心。

3）心房：位于心室的背侧，暗红色，薄囊状。

4）静脉窦：位于心房和心室的后侧，暗红色的薄壁长囊，接收来自身体各部分的静脉血回流心脏。

5）腹大动脉：自动脉球向前发出的一条粗大的血管，位于左、右鳃的腹面中央。

6）入鳃动脉：由腹大动脉两侧分出的成对分支，共 4 对，分别进入鳃弓。

7）脾脏：淋巴器官。细长，深红色，位于肠前部背面。

（4）排泄系统

排泄系统包括肾脏、输尿管和膀胱等器官（图 18-7）。

1）肾脏：位于脊椎下方，紧贴于鳔前后室之间，向前扩展为头肾（拟淋巴器官），向后连有断续的余肾。

2）输尿管和膀胱：从每侧肾脏通过一条细管，沿背壁向后走，在近末端会合成膀胱，开口于泄殖孔。

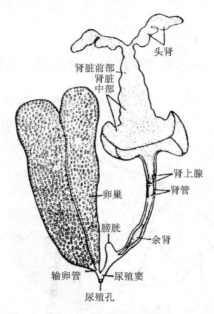

图 18-7　雌鲤鱼的尿殖系统(秉志，1960)

(5)生殖系统

生殖系统由精巢、输精管或卵巢、输卵管组成(图 18-7 和图 18-8)。

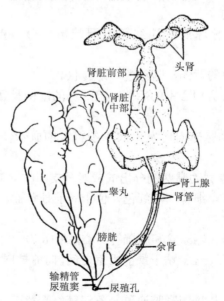

图 18-8　雄鲤鱼的尿殖系统(秉志，1960)

1)精巢：一对，呈扁长囊状，性未成熟时为淡红色，性成熟时为纯白色，常左右不对称且有分裂缺陷处。

2)输精管：在精巢后端，由精巢壁延伸成短的输精管通入泄殖窦。

3)卵巢：一对，性未成熟时为淡橙黄色，性成熟时呈黄色，可见粒状卵细胞，长带状，可充满整个体腔。

4)输卵管：在卵巢后端，由卵巢壁延伸成短的输卵管通入泄殖窦，在脊椎动物中，只有硬骨鱼的卵巢和输卵管直接相连。

(6)神经系统

利用示范鲤鱼脑标本观察脑的结构(图 18-9)。

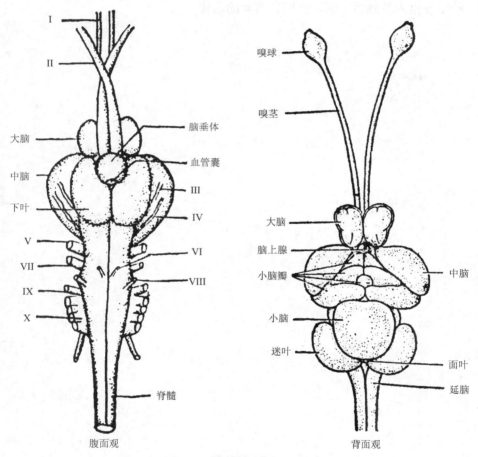

图 18-9　鲤的脑(秉志，1960)

I~X 分别代表第 1 至第 10 对脑神经

1)端脑：包括嗅脑和大脑。嗅脑包括嗅球和嗅茎，嗅茎往后与大脑相连。大脑分为左、右两个半球，位于脑的前端。

2)间脑：位于大脑后方的腹面，其背面有脑上腺(松果体)，腹面有脑漏斗及脑垂体。

3)中脑：位于端脑之后，受小脑瓣所挤而偏向两侧，各成半月形突起，称为视叶。

4)小脑：位于中脑的后方，背面隆起，向前伸出小脑瓣突入中脑。

5)延脑：位于脑的最后，由一个面叶和一对迷走叶组成。延脑后部变窄，连接脊髓。

【作业与思考】

绘出鲤鱼内脏侧面观图，注明各器官的名称。

实验 19 鱼纲的分类

【目的与要求】

识别主要的鱼类，了解各类群鱼类的特点，掌握鱼类分类和标本鉴定的基本方法。

【实验材料】

各种鱼类的浸制标本。

【用具与药品】

解剖镜、解剖盘、镊子、直尺、卡尺、放大镜、福尔马林。

【操作与观察】

1. 有关鱼类的分类术语及测量方法

有关鱼类的分类术语及测量方法见实验 18 的图 18-1。

全长：自吻端至尾鳍末端的长度。

体长：自吻端至尾端基部的长度。

体高：躯干部的最高处的垂直高。

头长：由吻端至鳃盖骨后缘(不包括鳃膜)的长度；无鳃盖的鱼类至最后一鳃孔止。

躯干长：由鳃盖后缘(有鳃盖的鱼类)或最后一鳃孔(无鳃盖的鱼类)至肛门的长度。

尾长：由肛门至尾鳍基部的长度(也可以至最后一个脊椎骨或尾柄与尾鳍的交界处)。

吻长：由上颌前端至眼前缘的长度。

眼径：眼的最大直径。

眼间距：两眼间的垂直距离。

眼后距：两眼末端的垂直距离。

口裂长：吻端至口角的长度。

颌骨长：吻端至颌骨末端的长度。

眼后头长：眼后缘至鳃盖骨后缘的长度。

尾柄长：臀鳍基部后端至尾鳍基部的长度。

尾柄高：尾柄最低处的垂直高度。

下颌联合：左右二齿骨在前方的会合处。

颊部：眼的后下方和鳃盖骨的中间部分。

小鳍：有的鱼有之，在背鳍臀鳍之后，内有鳍条。

脂鳍：背鳍后方，有的鱼较大，有的较小，内无鳍条。

脂质眼睑：半透明性。

腹棱：腹正中线上的皮肤棱起，有的完整，有的不完整。

棱鳞：鳞片有棱起，有的在腹正中线上，也有的在侧线位置上。

颏部：下颌与鳃膜着生地方之间的部分。

峡部：分隔两鳃腔的地方。

喉部：鳃膜与胸鳍之间的部分。

腹部：躯干的腹面。

胸部：喉部后方、胸鳍前方的部分。

项部：在头顶的后端。

$$\text{鳞式：侧线鳞的数目} = \frac{\text{侧线上鳞的数目}}{\text{侧线下鳞的数目}}$$

侧线鳞数目：从鳃盖上方直达尾部一条带孔的鳞的数目。

侧线上鳞的数目：从背鳍起点斜列到侧线鳞的鳞数。

侧线下鳞的数目：从臀鳍起点斜列到侧线鳞的鳞数。

鳍式：一般用罗马数字表示鳍棘数目，用阿拉伯数字表示软鳍条数目。背鳍、臀鳍、胸鳍、腹鳍、尾鳍分别简写为 D、A、P、V、C。式中的半字线代表鳍棘与软条相连，逗点表示分离，罗马数字或阿拉伯数字中间的一字线表示范围。

2. 鱼纲分类检索表

鱼类可分为软骨鱼类和硬骨鱼类。软骨鱼类分为板鳃亚纲和全头亚纲，硬骨鱼类分为内鼻孔亚纲和辐鳍亚纲。在这 4 个亚纲中，以板鳃亚纲和辐鳍亚纲的种类占绝大多数。下面介绍板鳃亚纲(含侧孔总目和下孔总目)和辐鳍亚纲的分目检索表。

(1)侧孔总目(鲨形总目)：体呈梭形，鳃裂开口于体侧，眼侧位

侧孔总目分目检索表(自成庆泰稍加修改)

1. 鳃孔 6~7 对，背鳍 1 个·· 六鳃鲨目(Hexanchiformes)

　　鳃孔 5 对，背鳍 2 个··· 2

2. 具臀鳍··· 3

　　无臀鳍··· 6

3. 背鳍前方具 1 根硬棘··· 虎鲨目(Heterodontiformes)

　　背鳍前方无硬棘··· 4

4. 眼无瞬膜或瞬褶，椎体的 4 个不钙化区无钙化辐条··· 5

　　眼具瞬膜或瞬褶，椎体的 4 个不钙化区有钙化辐条·········· 真鲨目(Carcharhinifomes)

5. 无鼻口沟，鼻孔不开口于口内·· 鲭鲨目(Isuriformes)

　　具鼻口沟或鼻孔开口于口内·· 须鲨目(Orectolobiformes)

6. 吻短或中长，不呈剑状突出，鳃孔 5 对··· 7

　　吻很长，呈剑状突出，两侧有锯齿，鳃孔 5~6 对 ·················· 锯鲨目（Pristiophoriformes）
7. 体亚圆筒形，胸鳍正常，背鳍一般具鳍棘 ······················· 角鲨目（Squaliformes）
　　体平扁，胸鳍扩大向头侧延伸，背鳍无鳍棘 ················· 扁鲨目（Squatiniformes）

　　（2）下孔总目（鳐形总目）：体形扁平，鳃裂开口于头部腹面，眼上位

下孔总目分目检索表（自成庆泰等稍加修改）

1. 头侧与胸鳍间无大型发电器 ··· 2
　　头侧与胸鳍间有大型发电器 ······················· 电鳐目（Torpediniformes）
2. 吻特别延长，呈剑状突出，侧缘具坚大吻齿 ············· 锯鳐目（Pristiformes）
　　吻正常，侧缘无坚大吻齿 ···3
3. 尾部粗大，具尾鳍，无尾刺，背鳍 2 个 ·················· 鳐形目（Rajiformes）
　　尾部一般细小呈鞭状，尾鳍退化或消失（若粗大，则具尾鳍），常具尾刺，背鳍 1 个 ········
··· 鲼形目（Myliobatiformes）

辐鳍亚纲分目检索表（自成庆泰等稍加修改）

1. 体被硬鳞或裸露，歪尾型，硬骨不发达（体被 5 行纵列骨板）········ 鲟形目（Acipenseriformes）
　　体被骨鳞或裸露，正尾型或等尾型，硬骨发达 ·······································2
2. 鳔存在时具鳔管 ··3
　　鳔存在时无鳔管 ··10
3. 不具韦伯氏器 ··4
　　具韦伯氏器 ··9
4. 体不呈鳗形，腹鳍存在 ··5
　　体呈鳗形，腹鳍缺失 ······························· 鳗形目（Anguilliformes）
5. 上颌口缘由前颌骨和上颌骨组成，无发光器 ···6
　　上颌仅由前颌骨组成，具发光器 ··················· 灯笼鱼目（Myctophiformes）
6. 无脂鳍 ··7
　　有脂鳍 ··· 鲑形目（Salmoniformes）
7. 颏部无喉板，发育过程中无叶状幼体 ··8
　　颏部有喉板，发育过程中有叶状幼体 ··················· 海鲢目（Elopiformes）
8. 有侧线，无辅上颌骨 ······························· 鼠鱚目（Gonorhynchiformes）
　　无侧线，有辅上颌骨 ······························· 鲱形目（Clupeiformes）
9. 体被圆鳞或裸露，无颌齿。有顶骨和下鳃盖骨，第 3 与第 4 脊椎骨不合并 ············
··· 鲤形目（Cypriniformes）
　　体被骨板或裸露，具颌齿。无顶骨和下鳃盖骨，第 3 与第 4 脊椎骨合并 ··············
··· 鲇形目（Siluriformes）
10. 胸鳍正常，基部不呈柄状，鳃孔一般位于胸鳍基底前方 ································11
　　胸鳍基部呈柄状，鳃孔位于胸鳍基底后方 ················· 鮟鱇目（Lophiiformes）
11. 鼻骨不扩大，不形成长吻，亦无锯齿边缘，胸鳍不呈水平状扩张 ························12

鼻骨扩大，形成长吻，边缘有锯齿，胸鳍呈水平状张 ················· 海蛾鱼目(Pegasiformes)

12. 腹鳍存在或偶鳍均缺失，上颌骨不与前颌骨固连或愈合为骨喙 ··············· 13
　　腹鳍缺失，上颌骨与前颌骨愈合为骨喙 ·················· 鲀形目(Tetraodontiformes)

13. 成体左右对称，眼位于头的两侧 ···························· 14
　　成体左右不对称，两眼位于身体同一侧 ··············· 鲽形目(Pleuronectiformes)

14. 背鳍存在，一般无鳍棘 ······························· 15
　　背鳍具鳍棘或背鳍退化为鳍褶 ·························· 18

15. 背鳍 1 个，腹鳍腹位，无颏须 ·························· 16
　　背鳍 1~3 个，臀鳍 1~2 个，腹鳍胸位或喉位、具 1 根颏须 ······ 鳕形目(Gadiformes)

16. 无侧线，每侧具鼻孔 2 个；上、下颌和胸鳍均正常 ················· 17
　　有侧线，每侧具鼻孔 1 个；或上颌或下颌或上下颌均延长，或胸鳍扩大呈翼状 ·····
　　·· 颌针鱼目(Beloniformes)

17. 背鳍后移，与臀鳍相对(小型鱼类) ··············· 鳉形目(Cyprinodontiformes)
　　背鳍位置正常，不后移 ······················· 银汉鱼目(Atheriniformes)

18. 头骨一般具眶蝶骨；如无，则腹鳍具鳍棘 1 根和 5 根以上的不分枝或分枝鳍条 ····· 19
　　头骨无眶蝶骨 ·· 21

19. 腹鳍常具鳍棘 1 根和 3~13 根不分枝或分枝鳍条，腰骨与匙骨相接 ········· 20
　　腹鳍无鳍棘，鳍条 1~17 根，腰骨与喙骨相接 ············ 月鱼目(Lampridiformes)

20. 尾鳍主鳍条 18~19，臀鳍一般具 3 根鳍棘 ··············· 金眼鲷目(Beryciformes)
　　尾鳍主鳍条 10~13，臀鳍具 1~4 根鳍棘，常呈明显之鳍棘部 ········· 海鲂目(Zeiformes)

21. 吻常呈管状，背鳍、臀鳍、胸鳍鳍条多不分枝 ············ 刺鱼目(Gasterosteiformes)
　　吻不呈管状，背鳍、臀鳍、胸鳍鳍条多分枝 ··················· 22

22. 腹鳍腹位或亚胸位，背鳍 2 个，分离颇远 ··············· 鲻形目(Mugiliformes)
　　腹鳍胸位或喉位或缺失，背鳍 1~2 个或退化为鳍褶，若 2 个则相距较近 ······· 23

23. 体呈鳗形，左右鳃孔在腹面合二为一 ··············· 合鳃目(Synbranchiformes)
　　体不呈鳗形，左右鳃孔分离 ·························· 24

24. 第 3 眶下骨正常，不后延，不与前鳃盖骨相接 ············· 鲈形目(Perciformes)
　　第 3 眶下骨后延，形成眼下骨架，横过颊部与前鳃盖骨相接 ······· 鲉形目(Scorpaeniformes)

3. 常见代表性鱼类的分类鉴定

(1)尖头斜齿鲨：属真鲨目真鲨科。头尖，颌齿斜生。

(2)双髻鲨：属真鲨目双髻鲨科。眼位于头侧突出的两端。

(3)犁头鳐：属鳐形目犁头鳐科。体形犁头状，背鳍前后两个。

(4)中国团扇鳐：属鳐形目团扇鳐科。体形如圆扇，背鳍两个。

(5)赤魟：属鲼形目魟科。尾细长如鞭，其上有一棘，无背鳍和臀鳍。

(6)中华鲟：属鲟形目鲟科。体被五行骨板，口前有四条触须(吻须)，背鳍位于腹鳍后方，歪型尾。成体大，可达 100~150kg。

(7)金色小沙丁鱼：属鲱形目鲱科。臀鳍最后两个鳍条显著粗大。

(8)鲥鱼：属鲱形目鲱科。腹中线有棱鳞，上颌中央有缺刻，有脂质眼睑。

(9)斑鲦：属鲱形目鲱科。背鳍最后一根鳍条很长，延长如丝，鳃盖后方有一黑斑。

(10)鳓鱼：属鲱形目鲱科。腹中线上有棱鳞，口上位，腹鳍很小。

(11)凤鲚：属鲱形目鳀科。俗称凤尾鱼，体形匕首状，胸鳍上部有6个游离的丝状鳍条。

(12)香鱼：属鲑形目香鱼科。背鳍后方有脂鳍，口底有褶膜，有鳞片。

(13)银鱼：属鲑形目银鱼科。体细长透明(头骨透明，可见其脑)，无鳞(只雄性臀鳍有一行鳞片)。

(14)日本鳗鲡：属鳗鲡目鳗鲡科。有颌齿，鳞退化、埋于皮下，体较小，色深，吻短，降河洄游，幼体为柳叶鳗。

(15)海鳗：属鳗鲡目海鳗科。形似鳗鲡，但头尖，颌齿尖长，无鳞，个体大，色浅，吻长。

(16)鲤鱼：属鲤形目鲤科。有鳞、无颌齿，背鳍及臀鳍中最大的硬棘后缘有锯齿；有口须两对。

(17)鲫鱼：属鲤形目鲤科。似鲤鱼，但无口须。

(18)青鱼：属鲤形目鲤科。有鳞片，无颌齿，体略呈圆简状，体表及各鳍色均为黑色。

(19)草鱼：属鲤形目鲤科。有鳞，无颌齿，体略呈圆状，体表及各鳍色浅。

(20)鲢鱼：属鲤形目鲤科。俗称白鲢，具完整的腹棱，鳃盖膜不与峡部相连。

(21)鳙鱼：属鲤形目鲤科。俗称红鲢，但头较大，腹棱不完整。

(22)团头鲂：属鲤形目鲤科。俗称"武昌鱼"，有鳞、无齿颌，无口须，体侧扁略呈菱形，背鳍的硬棘短于头长。

(23)翘嘴红鲌：属鲤形目鲤科。体侧扁，口上位，腹棱不完整。

(24)泥鳅：属鲤形目鳅科。体延长呈圆筒形，口须5对，体侧布有黑色斑点。

(25)花鳅：属鲤形目鳅科。似泥鳅，但体侧有方形黑斑。

(26)胡子鲇：属鲇形目胡子鲇科。无鳞，无脂鳍，须4对，背鳍很长。

(27)鲇鱼：属鲇形目鲇科。无鳞，无脂鳍，须2对，背鳍很小。

(28)黄颡鱼：属鲇形目鮠科。无鳞，有脂鳍，须4对。

(29)圆颌针鱼：属颌针鱼目颌针鱼科。上下颌延长如针，尾基部有一黑圆斑。

(30)海马：属刺鱼目海龙科。全身被有膜质骨片，头与体轴成钝角，尾端卷曲，受精卵在雄性育儿囊中孵化。

(31)鲻鱼：属鲻形目鲻科。脂质眼睑发达，胸鳍基部有一黑斑点，体侧上方有 5~7 条暗纵纹。

(32)黄鳝：属合鳃目合鳃科。同目的特征。

(33)鳜鱼：属鲈形目鮨科。体侧扁而背部隆起，体黄褐色有大斑点，头大口大，下颌突出，腹鳍胸位。

(34)鲈鱼：属鲈形目鮨科。似鳜鱼，但背部有许多黑圆斑，颌齿较细。

(35)蓝圆鲹：属鲈形目鲹科。背鳍与臀鳍后方各有一个小鳍，侧线平直部有棱鳞一排。

(36)大黄鱼、小黄鱼：属鲈形目石首鱼科。生活时体金黄色，唇橘红色。大黄鱼的尾柄长为尾柄高的 3 倍多，小黄鱼的尾柄短，仅为尾柄高的 2 倍多。

(37)真鲷：属鲈形目鲷科。体侧扁，头大，背面隆起度大，体呈红色，上颌前端具"犬牙"4 个。

(38)带鱼：属鲈形目带鱼科。俗称"白鱼"，体呈带状，尾部末端为细鞭状，无鳞，胸鳍小，腹鳍退化或无。

(39)鲐鱼：属鲈形目鲭科。背鳍与臀鳍后方各有小鳍 5 个。

(40)蓝点马鲛：属鲈形目鲭科。似鲐鱼，但小鳍 9~10 个。

(41)银鲳：属鲈形目鲳科。体侧扁，银白色，无腹鳍，背鳍与臀鳍相似。

(42)攀鲈：属鲈形目攀鲈科。背鳍长而多棘，尾基部及鳃盖后缘各有一个黑圆斑。

(43)斗鱼：属鲈形目斗鱼科。似攀鲈，体侧有 8 行左右的蓝黑色横斑，腹鳍第一鳍条延长如丝。

(44)乌鳢：属鲈形目鳢科。也称乌鱼，无鳔管，鳔长达尾基部。鳞色黑，肉食性，腹鳍胸位，侧线中断为二，背、臀鳍长达尾鳍基部。

(45)月鳢：属鲈形目鳢科。似乌鳢但无腹鳍，尾基有一黑圆斑。

(46)鲫鱼：属鲈形目鲫科。第一背鳍变为吸盘，移至头顶，称为头印，其上有横条 21~28 对。

(47)罗非鱼：属鲈形目丽鱼科。引进种，也称非洲鲫，体侧扁，长椭圆形，侧线中断为二。受精卵在亲鱼口中孵化。

(48)牙鲆：属鲽形目鲆科。体卵圆形、侧扁，两眼在头的左方。

(49)舌鳎：属鲽形目舌鳎科。体侧扁呈舌状，两眼位头的左方。

(50)暗纹东方鲀：属鲀形目鲀科。体椭圆形，前部口小，唇发达呈喙状，体表密小棘。

(51)弓斑圆鲀：属鲀形目鲀科。胸鳍背方有一个镶白边的弓形黑斑。

(52)箱鲀：属鲀形目箱鲀科。体形如箱状，有四棱箱鲀和六棱箱鲀等种。

(53)绿鳍马面鲀：属鲀形目革鲀科。俗称"剥皮鱼"，鳍绿色，第一背鳍有

2 鳍棘，第一鳍棘强大。

　　(54) 鮟鱇：属鮟鱇目鮟鱇科。体平扁，腹鳍喉位，具诱引器官。

【作业与思考】

　　进行本地市场常见鱼类的调查，写出调查报告。

实验 20　青蛙(蟾蜍)的骨骼肌肉系统

【目的与要求】

　　1. 掌握两栖动物骨骼系统与肌肉系统结构特点；

　　2. 理解并掌握两栖动物骨骼肌肉系统与其初步适应陆生生活的相互关系。

【实验材料】

　　1. 青蛙(或蟾蜍)的整体骨骼标本、蛙类零散的骨骼标本。

　　2. 青蛙(或蟾蜍)的去皮液浸标本。

【用具与药品】

　　解剖盘、解剖镊、放大镜等。

【操作与观察】

　　1. 骨骼系统的观察

　　在观察骨骼系统中各部分结构之前，先观察骨骼整体标本(图 20-1)，初步了解青蛙骨骼系统的整体结构特点及各部分骨骼的位置。

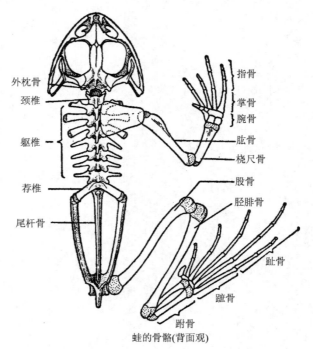

蛙的骨骼(背面观)

图 20-1　青蛙整体骨骼(丁汉波，1983)

　　蛙的骨骼系统由中轴骨骼和附肢骨骼组成，中轴骨骼包括头骨、脊柱和胸骨，附肢骨骼包括带骨与肢骨。

（1）中轴骨骼

头骨(图 20-2)

外枕骨：1 对，位于最后方，左右环接，中贯大孔(枕骨大孔)，每块外枕骨带一光滑的圆形突起，称枕骨髁，均与第一脊椎骨(寰椎)相关联。

前耳骨：1 对，位于两外枕骨的前侧方。

额顶骨：是额、顶二骨合并成的 1 对狭长的扁骨，位于外枕骨的前方，介于左右二眼眶之间，构成脑颅顶壁的主要部分。

蝶筛骨：构成颅腔的前壁。

鼻骨：为 1 对三角形的扁骨，位于额顶骨的前方，构成鼻腔的背壁。

犁骨：1 对，位于鼻囊的腹面，每块骨头的腹面向下各着生两排并列的细小犁骨齿。

副蝶骨：为脑颅腹面的一块大型扁骨，呈无柄的剑状，其侧部位于前耳骨的下方。

上颌骨：构成上颌外缘，前端与前颌骨相连，后端与方轭骨毗邻，下面凹陷成沟，沟的外边生有整齐的细齿。

前颌骨：1 对，甚短小，并列于二上颌骨前端之间，其下缘也生有细齿。

方轭骨：1 对，甚短小，分别位于上额外缘的两旁，与上颌骨相连。

鳞骨：1 对，呈"T"形，该骨的主支向后侧方伸出连接方轭骨的后端，其横支的后端连接前耳骨。

翼骨：1 对，位于鳞骨的下方，形如"入"字形和"人"字形，具三角形突起，内侧突起接触前耳骨的前面；外侧两支，前支位于鳞骨主支的下方，与方轭骨的后端连接，后支向前伸，与上颌骨中段接触。

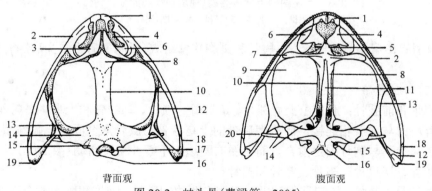

背面观　　　　　　　腹面观

图 20-2　蛙头骨(费梁等，2005)

1. 前颌骨；2. 上颌骨；3. 鼻骨；4. 犁骨；5. 犁骨齿；6. 鼻囊；7. 腭骨；8. 蝶筛骨；9. 眼窝；10. 额顶骨；11. 副蝶骨；12. 鳞骨；13. 翼骨；14. 前耳骨；15. 外枕骨；16. 枕骨髁；17. 枕骨孔；18. 方轭骨；19. 方骨；20. 耳柱骨

腭骨：为 1 对横生的细长骨棒，位于头骨的腹面，内端与副蝶骨的前端密接，两外端则与颌骨连接。

齿骨：1 对，为组成下颌前半部的长条形的薄硬骨。

颐骨：1 对，位于齿骨前方，其两内端各向前中线上遇合，形成下颌联合。

隅骨：1 对，长、大，前端向前与齿骨相连，后端变宽形成关节，与方轭骨相连。

脊柱：共有 10 枚脊椎骨，由 1 枚颈椎（寰椎）、7 枚躯干椎、1 枚荐椎和 1 枚尾杆骨组成。椎骨的椎体不发达，其类型可分为 4 种（图 20-3）：后凹型（铃蟾科）、变凹型（角蟾科）、前凹型（蟾蜍科和雨蛙科）和参差型（蛙科、树蛙科和姬蛙科）。青蛙的寰椎前有两关节面与枕骨髁相连，形成可动关节，前 6 枚躯干椎为前凹后凸，第 7 枚躯干椎为双凹型，荐椎是双凸型（后方有两个凸），尾杆骨前方为两个凹。

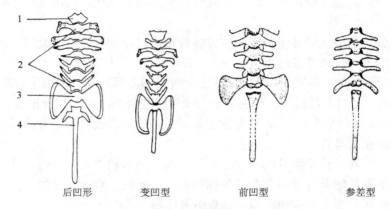

图 20-3　无尾两栖类椎体类型（刘承钊和胡淑琴，1961）
1. 颈椎；2. 躯椎；3. 荐椎；4. 尾椎（尾杆骨）

胸骨：由肩胸骨、上胸骨、胸骨和剑胸软骨组成（弧胸型肩带缺少肩胸骨和上胸骨）。

（2）附肢骨骼

肩带和前肢骨：肩带由上肩胛骨、肩胛骨、锁骨、乌喙骨和上乌喙骨等组成，肩带有肩臼与前肢相连接，固胸型肩带的上乌喙骨与胸骨愈合固定。弧胸型肩带的上乌喙骨不与胸骨固定愈合，而是左右两边上下叠并交叉活动（图 20-4）。前肢骨有肱骨、桡尺骨、腕骨、掌骨和指骨。

腰带及后肢骨：腰带呈"V"形，由左右两边的髂骨、坐骨和耻骨愈合而成（图 20-5），髂骨与荐椎横突相连。髋臼与后肢相连。后肢骨有股骨、胫腓骨、跗跖骨和趾骨。

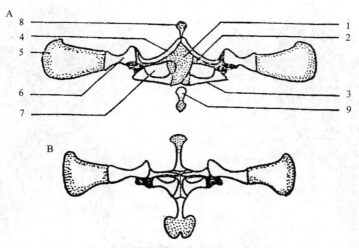

图 20-4　无尾两栖动物肩带类型(田婉淑和江耀明，1986)

A. 弧胸型；B. 固胸型

1. 上喙软骨；2. 前喙软骨；3. 喙骨；4. 锁骨；5. 上肩胛骨；6. 肩胛骨；7. 喙孔；8. 前胸骨；9. 胸骨

图 20-5　无尾两栖动物腰带(丁汉波，1983)

2. 肌肉系统的观察

采用浸制的蛙或蟾蜍标本，将其皮肤剥掉，即可见到分块分层的肌肉(图 20-6)，重点观察以下部位。

腹直肌：位于腹部正中线上，保持有原始分节现象。

腹外斜肌：位于躯干两侧，肌纤维走向为背前走向腹后。

腹内斜肌：位于腹外斜肌内侧，但肌纤维走向与腹外斜肌相反，由背后走向腹前。

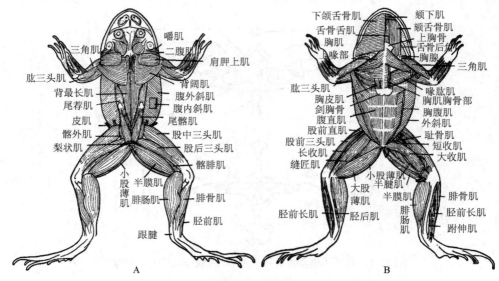

图 20-6　蛙肌肉(周本湘，1956)

A. 背面；B. 腹面

缝匠肌：位于大腿内侧，略呈矩形。

腓肠肌：位于小腿后方，呈纺锤形。

两栖动物的运动系统(骨骼和肌肉)在多方面体现了两栖动物对陆生生活的初步适应：在骨骼方面，主要体现在出现了颈椎和荐椎、五趾型附肢等；在肌肉方面，原始的分节现象绝大多数消失，体肌出现分层、分块现象，四肢肌肉发达。

【作业与思考】

1. 绘青蛙头骨背面观示意图。

2. 总结两栖动物运动系统与其陆生生活初步适应的特征。

实验 21　青蛙(蟾蜍)的外形及内部解剖

【目的与要求】

1. 掌握两栖动物内部构造的主要特征；
2. 掌握蛙类的解剖方法。

【实验材料】

1. 活青蛙。
2. 青蛙神经解剖标本和血管注射标本。

【用具与药品】

解剖器、脱脂棉、大头针等。

【操作与观察】

1. 外形观察

取一只青蛙，先观察其外部形态特征。

青蛙的身体分为头部、躯干部和四肢。头部有吻、口裂、鼻孔、鼓膜等结构；躯干部较宽而扁，皮肤光滑，具有发达的腺体；四肢发达，前肢具 4 指，后肢 5 趾，趾间有蹼。

2. 解剖操作

用解剖针从蛙的头部与躯干交界处的中点(即枕骨孔处)刺进，注意不可过深或过浅，控制在 1~2mm 深，然后把针斜向后刺入椎管，破坏脊髓让蛙瘫痪，这时可见蛙的双腿蹬直。然后将蛙腹面朝上，用剪刀沿腹部正中线剪开皮肤，用大头针将其固定后即可观察皮下毛细血管及腹直肌，之后剪开腹直肌(注意暂勿破坏其下的腹静脉)，把体壁往两侧拉开即可暴露体腔。观察心脏时可先剪开心包膜；观察口腔内结构时可先剪开口角，使口扩大，令口腔全部露出(图 21-1)。

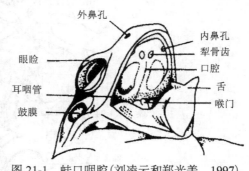

图 21-1　蛙口咽腔(刘凌云和郑光美，1997)

3. 内脏器官观察

(1) 消化系统(图 21-2)

口咽腔：蛙口腔中有两种齿，着生在不同部位。一种是上颌齿，着生在上颌骨和前颌骨内缘；另一种是犁骨齿，着生在口腔顶壁的犁骨上(有些种类无犁骨齿，如蟾蜍)。开口于口腔中的孔包括以下几个。内鼻孔一对、耳咽管孔一对、喉门一个、食道口一个、声囊孔(雄性)一对或一个。蛙的舌为肉质舌，倒生，舌尖游离，能自由倒翻出口腔，有分叉状(蛙科)和不分叉(蟾蜍科)两类(图 21-2)。

食道：短，下连胃。

胃：位于体的左侧，形稍弯曲。

肠：分小肠和大肠。小肠前段为十二指肠，与胃构成"U"形，后段是回肠。大肠膨大而陡直，称为直肠，开口于泄殖腔。

肝脏：红褐色，由较大的左右二叶和较小的中叶组成，胆囊位肝脏的中背部，由总胆管通入十二指肠。

胰脏：为不规则的黄白色管状腺，位于肠胃之间的"U"形内，胰液由总胆管通入十二指肠。

(2) 呼吸系统(图 21-2)

蛙成体为肺皮呼吸，肺呼吸器官有鼻腔、口腔、喉气管室和肺。

鼻腔与口腔：蛙呼吸时，空气自外鼻孔进入鼻腔，经内鼻孔到达口腔，鼻瓣关闭，口底上升而将空气压入喉门。

喉气管室：自喉门向内的短粗的管子。

肺：为一对薄壁囊状构造，内壁为蜂窝状，密布血管，具有弹性。

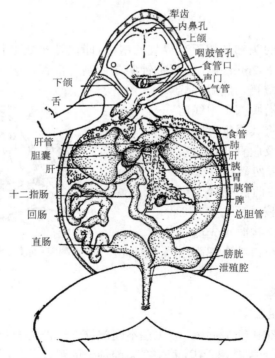

图 21-2　蛙的消化系统和呼吸系统(丁汉波，1983)

（3）循环系统

先观察血管注射标本。

心脏：包括静脉窦、二心房、一心室和动脉圆锥（图 21-3）。

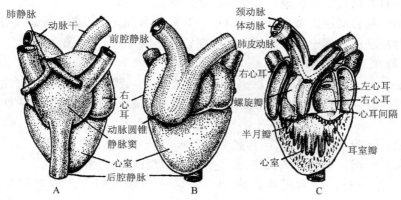

图 21-3 蛙的心脏（丁汉波，1983）

A. 背面观；B. 腹面观；C. 冠切面

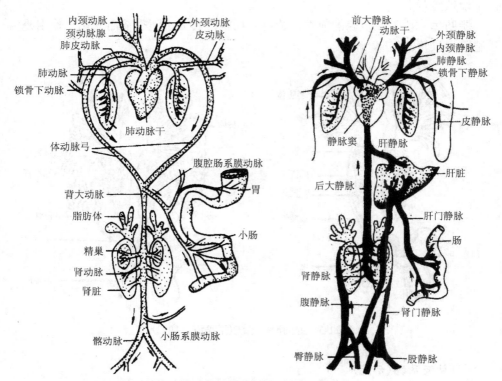

图 21-4 蛙的动脉系统及静脉系统（刘凌云和郑光美，1997）

静脉：由头部及前肢的静脉汇入前大静脉，回到静脉窦。由身体后部及内脏回收的静脉血经后大静脉入静脉窦。其中，腹静脉为两栖动物所特有，其与肝门静脉汇合入肝，由肝脏发出肝静脉汇入后大静脉，回收后部血液的肾门静脉入肾脏后，由肾发出肾静脉构成后大静脉的起始部（图 21-4）。

动脉：起自动脉圆锥的一对动脉干，其前端各分支为三条：颈总动脉、体动脉弓、肺皮动脉，其中，左右体动脉弓在背部形成背大动脉（图 21-4）。

（4）泄殖系统（图 21-5）

肾脏：为一对位于体腔背后部的暗红色器官，其腹面嵌有橙黄色肾上腺。

输尿管：由肾外缘后端发出，开口于泄殖腔，此管在雄蛙中兼有输精作用。

膀胱：连附于泄殖腔腹面（泄殖腔膀胱），为一薄壁的两叶状囊。

精巢：一对，椭圆形或长柱形，色淡，位肾脏腹面内侧。

卵巢：一对，位肾脏腹面内侧，生殖季节极度膨大，内有许多黑色球形卵。

输卵管：长而曲的管子，位于卵巢外侧，前端喇叭口紧靠肺底旁边，末端开口于泄殖腔背面。

脂肪体：位于生殖腺的前端，黄色、指状，其大小随季节而变化，作用是为生殖腺提供营养。

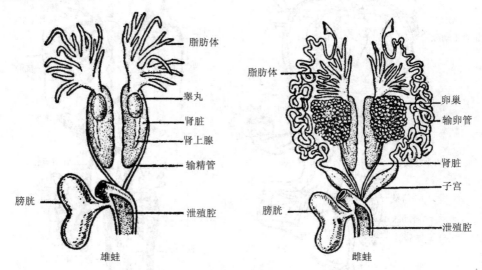

图 21-5　蛙的泄殖系统（丁汉波，1983）

（5）神经系统（示范）

主要观察五部脑及部分脑神经（图 21-6）。

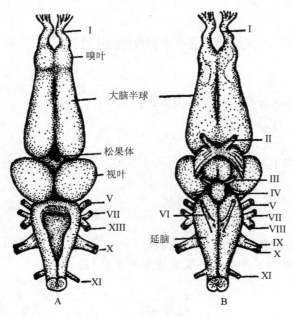

图 21-6　蛙的脑(丁汉波，1983)
A. 背面观；B. 腹面观

【作业与思考】

1. 绘一雄(或雌)蛙泄殖系统示意图。
2. 总结两栖动物与陆生生活初步适应的结构特点。

实验 22　两栖纲的分类

【目的与要求】

1. 掌握两栖纲的分类依据和相关术语；
2. 初步认识一些常见两栖动物。

【实验材料】

各种液浸两栖动物标本。

【用具与药品】

显微镜、放大镜、镊子、测量尺等。

【操作与观察】

1. 两栖纲分类的基本知识及测量方法

(1) 有尾两栖动物的外部形态及度量常用术语（图 22-1）

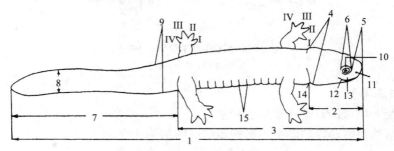

图 22-1　有尾两栖类外形示意图（季达明等，1987）

1. 全长；2. 头长；3. 头体长；4. 头宽；5. 吻长；6. 眼径；7. 尾长；8. 尾高；9. 尾宽；10. 上眼睑；11. 鼻孔；
12. 口裂；13. 唇褶；14. 颈褶；15. 肋沟

全长：自吻端至尾末端的长度。

头体长：自吻端至肛孔后缘的长度。

头长：自吻端至颈褶或口角（无颈褶种类）的长度。

头宽：头或左右颈褶之间的最大直线距离。

吻长：自吻端至眼前角的长度。

眼径：与体轴平行的眼径长。

尾长：自肛孔后缘至尾末端的长度。

尾高：尾上下缘间的最大距离。

犁骨齿：着生在犁腭骨上的细齿。

颈褶：位于颈部两侧及腹面的皮肤皱褶。

肋沟：指躯干部两侧、位于两肋骨之间形成的体表凹沟。

(2)无尾两栖动物的外部形态及度量常用术语(图 22-2)

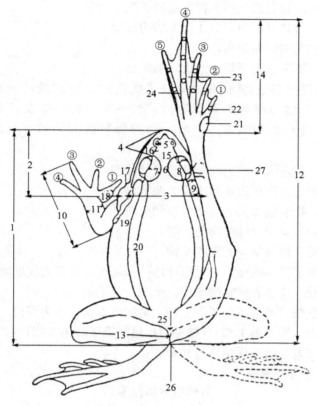

图 22-2 无尾两栖类外形示意图(刘承钊和胡淑琴，1961)

1. 体长；2. 头长；3. 头宽；4. 吻长；5. 鼻间距；6. 眼间距；7. 上眼睑宽；8. 眼径；9. 鼓膜；
10. 前臂及手长；11. 前臂宽；12. 后肢全长；13. 胫长；14. 足长；15. 吻棱；16. 颊部；
17. 咽侧外声囊；18. 婚垫；19. 颞褶；20. 背侧褶；21. 内蹠突；22. 关节下瘤；23. 蹼；
24. 外侧蹠间之蹼；25. 肛；26. 示左右跟部相遇；27. 示胫跗关节前达眼部。手上的①、②、③、④表示指
的顺序；足上的①、②、③、④、⑤表示趾的顺序。

体长：自吻端至体后端的长度。

头长：自吻端至颌关节后缘的长度。

头宽：左右颌关节间的距离。

吻长：自吻端至眼前角的长度。

鼻间距：左右鼻孔间的距离。

眼间距：左右上眼睑内缘之间最窄距离。

上眼睑宽：上眼睑最宽处的距离。

眼径：与体轴平行的眼直径长度。

鼓膜宽：最大直径。

前臂及手长：自肘后至第 3 指末端的长度。

后肢全长：自体后正中至第 4 趾末端的长度。

胫长：胫部两端间的距离。

足长：自内蹠突近端至第 4 趾末端的距离。

声囊：雄性个体在咽喉部由皮肤或肌肉扩展而形成的囊状突起，是一种扩音器官。声囊可分为外声囊和内声囊两类。外声囊又可分为单咽下外声囊、咽侧下外声囊和咽下外声囊；内声囊可分为单咽下内声囊和咽侧下内声囊。

指趾吸盘：指趾末端扩大而成的圆盘状结构。

指趾沟：沿指趾吸盘边缘和腹面的凹沟。

关节下瘤：指趾底部关节之间的垫状突起。

掌突和蹠突：掌和蹠部底面的突起。

蹼：指与指、趾与趾间的皮膜结构。

背侧褶：位于背部两侧，自眼后伸达胯部的一对纵行的皮肤隆起。

肤褶或肢棱：皮肤表面略微增厚而形成的分散细褶。

角质刺：皮肤局部角质化的衍生物，呈刺或锥状，多为黑色。

婚垫与婚刺：雄性第 1 指(有些种类也包括第 2 和第 3 指)内侧的局部隆起称为婚垫，婚垫上着生的角质刺称为婚刺。

2. 两栖纲分类检索表

两栖纲分目检索表

1. 体细长似蚯蚓，四肢及带骨退化，尾极短或无尾·············· 蚓螈目（Gymnophiona）

　成体具四肢 ·· 2

2. 有尾，体较长，四肢弱小 ··· 有尾目（Urodela）

　成体无尾，体宽短，四肢发达 ··· 无尾目（Anura）

有尾目分中国各科检索表

1. 犁骨齿列不呈"∧"形；体侧肋沟明显 ·· 2

　犁骨齿列呈"∧"形，体侧肋沟不显 ··························· 蝾螈科（Salamandridae）

2. 眼小无眼睑；体侧有纵肤褶；犁骨齿为一长列，并与上颌齿平行呈弧形 ·········

　·· 隐鳃鲵科（Cryptobranchidae）

　眼适中，有眼睑，体侧无纵肤褶，犁骨齿两短列，呈"∧"形或"Λ"形 ·········

　·· 小鲵科（Hynobiidae）

无尾目分中国各科检索表

1. 肩带弧胸型··· 2

肩带固胸型···5
2. 舌盘状，周边与口腔膜粘连，不能自由伸出 ··················铃蟾科（Bombinatoridae）
　舌不呈盘状，末端不与口腔膜粘连，能自由伸出 ··3
3. 尾杆骨髁 1 个，或荐椎后端与尾杆骨愈合；一般趾蹼不发达··········角蟾科（Megophryidae）
　尾杆骨髁 2 个；一般趾蹼较发达 ···4
4. 指趾末两节间无介间软骨；上颌无齿；有耳后腺··················蟾蜍科（Bufonidae）
　指趾末两节间有介间软骨；上颌有齿；无耳后腺·················雨蛙科（Hylidae）
5. 荐椎横突为柱状···6
　荐椎横突为宽大···姬蛙科（Microhylidae）
6. 指趾末两节间无介间软骨；指趾末端一般无吸盘，若无吸盘，则不能见到"Y"形骨迹·······
　···蛙科（Ranidae）
　指趾末两节间有介间软骨；指趾末端具吸盘，且一般在吸盘背面可见到"V"形骨迹·······
　···树蛙科（Rhacophoridae）

　3. 两栖纲代表种简介

　1）版纳鱼螈（*Ichthyophis bannanicus*）：隶属鱼螈科。体呈蠕虫状，状似蚯蚓，无四肢，背腹略扁平，尾短，略呈圆锥状。

　2）大鲵（*Andrias davidianus*）：隶属隐鳃鲵科。俗称"娃娃鱼"，体大，头躯扁平，尾侧扁；口大，眼小，无眼睑；犁骨齿长，与上颌齿平行排列呈一弧形；体侧有纵肤褶，指趾扁平。

　3）中国小鲵（*Hynobius chinensis*）：隶属小鲵科。犁骨齿较短，仅达眼球中部；体侧有明显肋沟；前后肢贴体相对时，指趾端相遇；无掌、蹠突；尾基部至末端均侧扁，无背腹鳍褶。

　4）东方蝾螈（*Cynops orientalis*）：隶属蝾螈科。背脊平扁或略隆起；皮肤较光滑；指趾较细长；背面及体侧黑色，腹面有橘红色和黑色交织的斑纹。

　5）黑斑肥螈（*Pachytriton brevipes*）：隶属蝾螈科。体有肥硕，背腹面略平扁；唇褶明显；指趾较宽短；皮肤光滑；背面及体侧棕色，上面密布黑色斑点。

　6）东方铃蟾（*Bombina orientalis*）：隶属铃蟾科。体型小；舌大而圆，周围与口腔相粘连；背面刺疣细致密集，腹面有黑红黄色交织的花斑。

　7）崇安髭蟾（*Vibrissaphora liui*）：隶属角蟾科。俗称"角怪"，眼球的虹彩上半边黄绿色、下半边棕紫色；瞳孔纵置，雄性之上颌两侧近口角处各有一枚黑色角质刺，生活时上颌边缘橘红色。

　8）淡肩角蟾（*Megophrys boettgeri*）：隶属角蟾科。体细长，头及背部有分散状的小刺粒，生活时背部棕褐色，肩部有半圆形浅色斑。

　9）黑眶蟾蜍（*Bufo melanostictus*）：隶属蟾蜍科。俗称"癞蛤蟆"。体中等大小，鼓膜大而明显，皮肤粗糙，耳后腺大，呈长椭圆形，眼眶周围有黑色骨质棱。

10) 中华蟾蜍 (*Bufo gargarizans*)：隶属蟾蜍科。体较肥大，成蟾背面瘰粒多而密，耳后腺大，呈长圆形，但眼眶周围无黑色骨质棱。

11) 中国雨蛙 (*Hyla chinensis*)：隶属雨蛙科。体小，背部纯绿色（液浸标本蓝黑色），鼓膜上下方各有一条黑线向后延伸并汇合成三角形斑；体侧、股前后方有大小不等的黑斑点。

12) 黑斑侧褶蛙 (*Pelophylax nigromaculatus*)：隶属蛙科。具背侧褶，背侧褶间有数行长短不一的肤褶，生活时体背面颜色多样，以绿色为主，其间杂有许多大小不一的黑斑纹。

13) 泽陆蛙 (*Fejervarya multistriata*)：隶属蛙科。体较小，第 5 趾游离部位无缘膜或极不明显；有外蹠突，雄蛙有单咽下外声囊；两眼间有 "V" 形黑斑，背上有 "W" 形黑斑，下颌前方两侧无齿状突。

14) 虎纹蛙 (*Hoplobatrachus rugulosus*)：隶属蛙科。体较大，下颌前方两侧有齿状突，鼓膜明显；体背皮肤略粗糙，无背侧褶，背上有许多长短不一的纵行皮肤棱起（肤棱）。

15) 棘胸蛙 (*Paa spinosa*)：隶属蛙科。体大，鼓膜隐约可见，前肢较短，后肢肥大、发达；指趾末端圆球状，趾间具全蹼，皮肤较粗糙，雄蛙背部有长短不一的长形疣，断续排列成行；雄性胸部密布黑刺。

16) 沼水蛙 (*Hylarana guentheri*)：隶属蛙科。背部棕黄色，无背中线，背侧褶窄。

17) 弹琴蛙 (*Hylarana adenopleura*)：隶属蛙科。有断断续续的背中线。

18) 镇海林蛙 (*Rana zhenaiensis*)：隶属蛙科。生活时，背部粉红色或灰棕色，有背侧褶，鼓膜处有三角形黑斑，后肢细长。

19) 武夷湍蛙 (*Amolops wuyiensis*)：隶属蛙科。指、趾末端有吸盘，但无 "V" 形骨迹，指吸盘不大于趾吸盘，无犁骨齿，雄性大拇指内侧有黑色的婚刺。

20) 华南湍蛙 (*Amolops ricketti*)：隶属蛙科。似武夷湍端，但有犁骨齿，雄性大拇指内侧有白色婚刺。

21) 大树蛙 (*Rhacophorus dennysi*)：隶属树蛙科。生活时背面纯绿或杂有少量深色斑点，指趾间均具蹼，指趾具吸盘，吸盘背面有 "V" 形骨迹。

22) 斑腿树蛙 (*Rhacophorus megacephalus*)：隶属树蛙科。背部灰棕色，指趾有吸盘，指间无蹼，股后有网状黑斑纹。

23) 花狭口蛙 (*Kaloula pulchra*)：隶属姬蛙科。指、趾末端平齐如切，背部两侧各有一条很宽的金黄色纵纹。

24) 饰纹姬蛙(*Microhyla ornata*)：隶属姬蛙科。体型小，头尖，背上有略成"人"字形的黑斑。

【作业与思考】

试编制一本地区常见两栖动物的检索表。

实验 23　爬行纲的分类

【目的与要求】

1. 掌握爬行纲各目和重要科的特征；
2. 认识爬行纲各类群的代表种类及常见种类；
3. 学习爬行动物分类的依据，以及使用检索表进行分类鉴定的方法。

【实验材料】

爬行动物的浸制标本或剥制标本。

【用具与药品】

放大镜或解剖镜。

【操作与观察】

1. 爬行纲分类的常用术语

(1)龟鳖目分类的常用术语

1)背甲盾片(图 23-1A)

椎盾：背甲正中的一列盾片，一般 5 枚。

颈盾：椎盾前方，嵌于左右缘盾之间的 1 枚小盾片。

肋盾：椎盾两侧的 2 列宽大盾片，一般左右各 4 枚。

缘盾：背甲边缘的 2 列较小盾片，一般左右各 12 枚。背甲后缘正中的 1 对缘盾，一般又称为臀盾。

2)背甲骨板(图 23-1B)

椎板：背甲正中央一列骨板，一般为 8 枚。

颈板：相当于颈盾部位的 1 块骨板。

臀板：椎板之后，通常有 1~3 枚，由前至后分别称为第 1 上臀板、第 2 上臀板和臀板。

肋板：椎板两侧的骨板，通常左右各有 8 枚。

缘板：背甲边缘的 2 列骨板，一般左右各 11 枚。鳖科没有缘板，许多海产龟类的肋板与缘板不相连，其间形成空隙，称为肋缘窗。

3)腹甲盾片(图 23-2A)

一般有左右对称的 6 对，由前至后依次为喉盾、肱盾、胸盾、腹盾、股盾、肛盾。

4)腹甲骨板(图 23-2B)

腹甲骨板由 9 块组成，从前至后依次为：上板，1 对；内板，1 块；舌板、下板和剑板各 1 对。

甲桥：腹甲的舌板及下板伸长与背甲以韧带或骨缝相连的部分。此处外层的盾片尚可能有以下几种。

腋盾：位于腋凹的 1 枚小盾片。

胯盾：位于胯凹的 1 枚小盾片，又称鼠蹊盾。

下缘盾：如平胸龟及海龟科，在腹甲的胸盾、腹盾与背甲的缘盾之间的几枚小盾片。

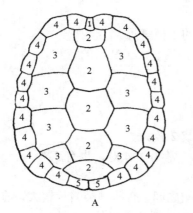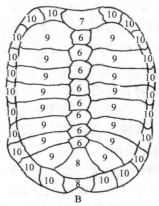

图 23-1　龟壳背甲盾片（A）及骨板（B）（黄美华等，1990）

1. 颈盾；2. 椎盾；3. 肋盾；4. 缘盾；5. 臀盾；6. 椎板；7. 颈板；8. 臀板；9. 肋板；10. 缘板

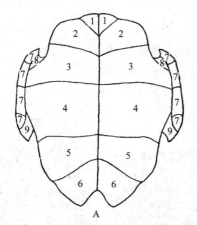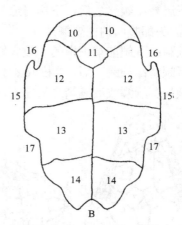

图 23-2　龟壳腹甲盾片（A）及骨板（B）（黄美华等，1990）

1. 喉盾；2. 肱盾；3. 胸盾；4. 腹盾；5. 股盾；6. 肛盾；7. 背甲的缘盾；8. 腋盾；9. 胯盾；10. 上板；11. 内板；12. 舌板；13. 下板；14. 剑板；15. 甲桥；16. 腋凹；17. 胯凹

（2）有鳞目蜥蜴亚目分类的常用术语

1）蜥蜴头部的鳞片（图 23-3）

① 头部背面的鳞片

吻鳞：吻端中央，1 枚。

上鼻鳞：吻鳞之后，左右鼻鳞之间，有些种类没有上鼻鳞。

额鼻鳞：吻鳞之后，常为单片，但亦有成对的。

前额鳞：额鼻鳞之后的 1 对，有的种类只有 1 枚，或多于 1 对。

额鳞：前额鳞之后、两眼之间的 1 枚长形大鳞。

额顶鳞：额鳞之后的 1 对大鳞。

顶鳞：额顶鳞之后的 1 对大鳞。

顶间鳞：额顶鳞之后、2 枚顶鳞之间的 1 板鳞片。

颈鳞：顶鳞后方 1 对或数对宽大鳞片，明显大于其后的背鳞。

② 头部两侧的鳞片

鼻鳞：鼻孔周围的鳞片，1~3 枚。

后鼻鳞：鼻鳞后方的鳞片，常不存在。

颊鳞：鼻鳞或后鼻鳞后方的鳞片，1 或 2 枚。

眶上鳞：额鳞与顶鳞外侧的 1 列鳞片，常为 2~4 对，也有 5 对。

上睫鳞：眶上鳞与眼之间的 1 行小鳞。

颞鳞：位于眼后颞部，在顶鳞与上唇鳞之间，有些种类鳞片较大，前后两排，依次称为前颞鳞和后颞鳞，但也有颞鳞细小而区分不出的。

上唇鳞：吻鳞之后，上颌唇缘的 1 列鳞片。

下唇鳞：颏鳞之后，下颌唇缘的 1 列鳞片。

③ 头部腹面的主要鳞片

颏鳞：下颌前端正中的 1 枚大鳞，与上颌的吻鳞相对。

后颏鳞：颏鳞之后，1 枚或多于 1 枚，但亦有不存在的。

颏片：颏鳞或后颏鳞之后左右对称排列，与下唇鳞并列。

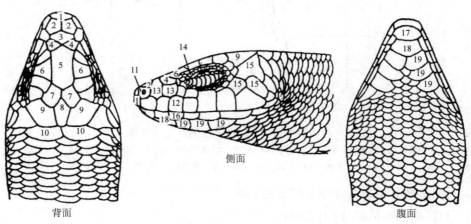

背面　　　　　　　　　侧面　　　　　　　　　腹面

图 23-3　蜥蜴头部的鳞片（黄美华等，1990）

1. 吻鳞；2. 上鼻鳞；3. 额鼻鳞；4. 前额鳞；5. 额鳞；6. 眶上鳞；7. 额顶鳞；8. 顶间鳞；9. 顶鳞；10. 颈鳞；
11. 鼻鳞；12. 上唇鳞；13. 颊鳞；14. 上睫鳞；15. 颞鳞；16. 下唇鳞；17. 颏鳞；18. 后颏鳞；19. 颏片

2) 鳞片的种类及其形状

方鳞：身体腹面近于方格状的大鳞(如草蜥)。

圆鳞：身体腹面近于圆形的大鳞(如石龙子)。

粒鳞：体背鳞小而略圆，呈颗粒状平铺排列的鳞片(如壁虎)。

疣鳞：分布于粒鳞间较大呈疣状的鳞片。

棱鳞：鳞片表面具突起的纵棱者(如草蜥的背鳞)。

锥鳞：耸立呈锥状的鳞片(如长鬣蜥头两侧后下方的大鳞)。

棘鳞：耸立呈棘状的鳞片(如鬣蜥科之眶后鳞)。

鬣鳞：颈背中央纵行竖立而侧扁的鳞片(如鬣蜥科)。

板鳞：雄性肛门前或腹中央有一块较大而颜色不同的鳞片(如雄性鬣蜥腹面的鳞片)。

3) 其他结构

睑窗：下眼睑中央的无鳞透明区(如宁波滑蜥)。

耳孔瓣突：耳孔边缘鳞片突出部分所形成的叶状物(如石龙子)。

肛前窝：肛门前的部分鳞片上的小窝，形成一横排(如雄性的壁虎)。

鼠蹊窝：鼠蹊部的部分鳞片上的小窝，一至数对(如草蜥)。

股窝：股部腹面部分鳞片上的小窝，由几对到几十对排列成行(如鬣蜥科中某些种)。

指趾扩张：指趾两侧缘横向延伸(如壁虎科)。

指趾下瓣：在指趾腹面排列成行的皮肤褶襞(如壁虎科)。

栉状缘：指趾侧缘的鳞片突出形成的锯齿状结构(如沙蜥属)。

(3) 有鳞目蛇亚目分类的常用术语

蛇通身覆盖着鳞片，总称"鳞被"，蛇类鳞被的各种鳞片如下所述。

1) 头部的鳞片(图 23-4)

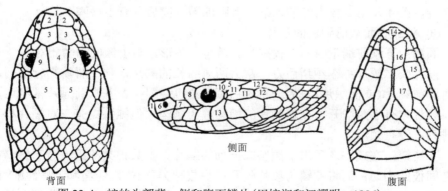

背面　　　　　　　　　　侧面　　　　　　　　　　腹面

图 23-4　蛇的头部背、侧和腹面鳞片(田婉淑和江耀明，1986)

1. 吻鳞；2. 鼻间鳞；3. 前额鳞；4. 额鳞；5. 顶鳞；6. 鼻鳞；7. 颊鳞；8. 眼前鳞；9. 眼上鳞；10. 眼后鳞；
11. 前颞鳞；12. 后颞鳞；13. 上唇鳞；14. 颏鳞；15. 下唇鳞；16. 前颏片；17. 后颏片

① 头部背面从吻端到枕部的鳞片

吻鳞：吻端中央的一枚鳞片，其下缘常有缺凹，蛇的舌由此伸出口外。

鼻间鳞：吻鳞后方，左右鼻鳞之间或稍后，常为 1 对或 1 枚，有的种类缺。

前额鳞：在鼻间鳞后方的 1 对鳞片，有的种类只有 1 枚。

额鳞：1 枚，位于头顶中央，在前额鳞的后方，左右眼上鳞之间，略呈龟壳形。

眼上鳞：位于眼眶背缘，额鳞两侧，每侧 1 枚。

顶鳞：额鳞及眼上鳞后方的 1 对大鳞。闪鳞蛇科有 4 枚，4 枚之间夹着 1 枚顶间鳞。

枕鳞：顶鳞后方的 1 对大鳞，仅眼镜王蛇有之。

② 头部侧面从吻端到颞部的鳞片

鼻鳞：位于吻鳞的后侧方，左右各一，鼻孔开口于其上。有的种类鼻鳞为完整的 1 枚，有的种类鼻鳞有一鳞沟，将其局部分开或完全分开为前后两半。有的种类鼻鳞在头部背面。

颊鳞：位于鼻鳞和眼前鳞之间的小鳞片，常为左右各 1 枚。

眼前鳞：位于眼眶前缘，1 枚或数枚。

眼下鳞：位于眼眶腹缘，靠近眼眶腹前方的称为眼前下鳞，靠近眼眶腹后方的称为眼后下鳞，有的描述把眼前下鳞和眼后下鳞分别列入眼前鳞或眼后鳞。多数蛇类无眼下鳞，部分上唇鳞入眶，构成眼眶腹缘。

眼后鳞：1 枚或数枚，在眼眶后缘。有的种类无眼后鳞，则颞鳞入眶，构成眼眶后缘。

窝下鳞：有颊窝的蛇类(蝮亚科)在颊窝腹后方有一颊长鳞片，即窝下鳞。

颞鳞：眼后鳞之后，顶鳞与上唇鳞之间的鳞片，常为前后两列，以数字表示，如 2+3，表示前颞鳞 2 枚、后颞鳞 3 枚。

上唇鳞：吻鳞后方，上颌唇缘的鳞片。以数字表示，如 3-2-3，即表明有上唇鳞 8 枚，第 4 及第 5 枚上唇鳞入眶，入眶的鳞片前后各有上唇鳞 3 枚。

③ 头部腹面从前到后的鳞片

颏鳞：下颌前端正中的 1 枚鳞片。常呈三角形，与上颌的吻鳞相对。

颔片或称颊片：在颏鳞后方，常为两对纵长的鳞片，与下唇鳞平行排列，前一对称前颔片(或前颊片)，后一对称后颔片(或后颊片)。左右前颔片常相切，左右后颔片常有小鳞间开。左右颔片的鳞沟称为颔沟，但钝头蛇有三对颔片相互镶嵌排列，没有颔沟。

下唇鳞：在颏鳞之后沿下颌唇缘排列的鳞片。多数种类的第一对下唇鳞在颏鳞之间彼此相切，而将颏鳞与颔片隔开；少数种类(如颈斑蛇属和一些海蛇)前颔片与颏鳞相切，故第一对下唇鳞左右不相切。下唇鳞的数目及其切前颔片的鳞数有鉴别意义。

2) 躯干部的鳞片

背鳞：亦称体鳞，位于蛇体背面的鳞片(图 23-5)。背鳞互相叠盖，形成纵行或斜行的行列，称为鳞列。计算背鳞行数时，取颈部(头后 2 个头长处)、中段(吻端到肛孔之间中点处)及肛前(肛孔前 2 个头长处)三个数据。可以式表示，如 23-25-19，表示背鳞在颈部 23 行、中段 25 行、肛前 19 行。如果只写背鳞 25 行，一般多指中段行数。

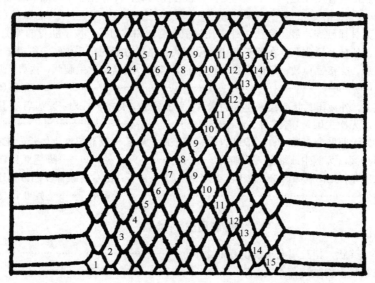

图 23-5　示蛇类背鳞计数方法(田婉淑和江耀明，1986)

腹鳞：腹部正中宽大的一行鳞片(图 23-6)。

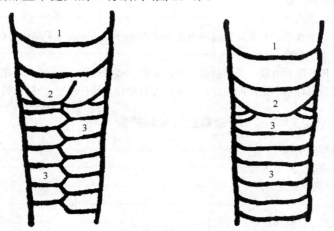

图 23-6　蛇的腹鳞、肛鳞和尾下鳞(田婉淑和江耀明，1986)

1. 腹鳞；2. 肛鳞；3. 尾下鳞

肛鳞：紧覆于肛孔之处的鳞片叫肛鳞。一般或是纵分的二片，或是完整的一片（图 23-6）。

尾下鳞：尾部腹面肛鳞之后的鳞片（图 23-6）。

2. 爬行纲分类检索

爬行纲分目及亚目检索

1. 体短而略扁，有骨质硬壳；上下颌均无齿而被以角质鞘；外鼻孔位于吻端；肩带位于肋骨的内侧 ·· 龟鳖目（Testudines）
   体较长，无骨质硬壳，颌上有齿；外鼻孔位于吻侧；如有肩带，位于肋骨的外侧 ··········· 2
2. 体形甚大，外被革质皮肤；在躯干背腹及尾部具有略呈方形的角质硬鳞，纵横排列成行；肛孔纵裂，交接器单枚；牙齿着生于较深的齿槽内；因具有次生硬腭，内鼻孔后移到咽部附近 ·· 鳄目（Crocodilia）
   体形不甚大，外被覆瓦状或镶嵌排列的鳞片；肛孔横裂，交接器成对；牙齿着生于颌骨表面；内鼻孔小，无次生硬腭（有鳞目 Squamata） ··· 3
3. 具四肢，如无四肢亦有肢带；一般都有眼睑和鼓膜；尾长一般都超过头体长，左右下颌骨以骨缝相接，齿侧生或端生，有胸骨 ·· 蜥蜴亚目（Lacertilia）
   无四肢及肩带；无活动眼睑亦无鼓膜；尾长远短于头体长；左右下颌骨以韧带相连；齿端生，无胸骨 ··· 蛇亚目（Serpentes）

龟鳖目分科检索

1. 四肢扁平成桨状，指趾端无爪或仅有 1~2 爪 ·· 2
   四肢不成桨状；指趾具有 4 或 5 爪 ·· 3
2. 指趾末端无爪；体表覆以革质皮肤；背甲有 7 条纵棱 ········· 棱皮龟科（Dermochelyidae）
   指趾末端有 1~2 爪；体表覆以角质盾片 ···································· 海龟科（Cheloniidae）
3. 背腹甲表面被革质皮肤 ·· 鳖科（Trionychidae）
   背腹甲表面被角质盾片 ·· 4
4. 腹盾与缘盾间有下缘盾，头大尾长而不能缩入壳内 ········· 平胸龟科（Platysternidae）
   腹盾与缘盾间无下缘盾 ·· 5
5. 四肢较扁平，指趾间具有蹼；头顶前部平滑，无对称鳞片 ············· 龟科（Emydidae）
   四肢粗壮，略呈圆柱形，指趾间无蹼；头顶前部有对称大鳞 ········· 陆龟科（Testudinidae）

蜥蜴亚目分科检索

1. 头顶无对称排列的大鳞 ·· 2
   头顶有对称排列的大鳞 ·· 5
2. 无活动的眼睑（睑虎属除外） ·· 壁虎科（Gekkonidae）
   有活动的眼睑 ·· 3
3. 体全长 1m 以上；背鳞颗粒状；舌很长，前端深分叉 ················· 巨蜥科（Varanidae）
   体全长 1m 以下；背鳞不呈颗粒状；舌较短，前端微有缺刻或略分叉 ··········· 4
4. 尾背面没有或仅有一行纵嵴 ··· 鬣蜥科（Agamidae）

　　尾背面有由大鳞形成的两行纵嵴 ·······························鳄蜥科 (Shinisauridae)
5. 有四肢 ·· 6
　　无四肢或仅雄性有一对鳍状后肢 ··· 7
6. 有股窝或鼠蹊窝；腹鳞近方形 ·································蜥蜴科 (Lacertidae)
　　无股窝或鼠蹊窝，腹鳞近圆形 ······························石龙子科 (Scincidae)
7. 体呈蚯蚓状，体侧无纵沟；尾很短，其长度不到头体长的一半；雄性有一对鳍状后肢 ·······
　　··双足蜥科 (Dibamidae)
　　体呈蛇形，体侧有纵沟；尾较长，其长度至少为头体长的一倍以上；无四肢 ···············
　　···蛇蜥科 (Anguidae)

蛇亚目分科检索

1. 体小尾极短，蚯蚓状；通身被覆大小相似的鳞片；眼不发达，隐于鳞下呈一小黑点 ···········
　　···盲蛇科 (Typhlopidae)
　　体型由小到大，头尾易于区分；眼外罩以透明膜 ····································· 2
2. 头背无对称排列的大鳞，通身被覆较小而平砌的颗粒状鳞片，没有腹鳞 ·······················
　　···瘰鳞蛇科 (Acrochordidae)
　　头背有对称排列的大鳞，通身不是小而平砌的颗粒状鳞片，腹鳞明显 (个别海蛇除外) ····· 3
3. 有后肢残余，在泄殖腔孔两侧呈爪状构造，雄性更为明显 ····························· 4
　　没有后肢残余 ·· 5
4. 腹鳞仅略大于相邻背鳞；背鳞21行 ·····························盾尾蛇科 (Uropeltidae)
　　腹鳞较窄，但明显大于相邻背鳞；背鳞30行以上 ·····················蟒科 (Boidae)
5. 上颌骨前端没有毒牙 ··· 6
　　上颌骨前端有较大的毒牙 ··· 7
6. 腹鳞较窄，不到相邻背鳞的3倍，通身15行；2对顶鳞中央围一顶间鳞 ·······················
　　···闪鳞蛇科 (Xenopeltidae)
　　腹鳞宽大，宽度约与躯干径粗相等；只有一对顶鳞 ·················游蛇科 (Colubridae)
7. 上颌骨较短、不能活动，前端有沟牙，其后有或无较小的上颌齿 ·········眼镜蛇科 (Elapidae)
　　上颌骨极短、可作平卧或竖立的活动，具有甚长的管牙 ···················蝰科 (Viperidae)

　　3. 代表种简介
　　1) 棱皮龟 (*Dermochelys coriacea*)：体被革质皮肤，四肢浆状，指、趾无爪，背甲有7条纵棱，隶属棱皮龟科，为国家二级保护动物。
　　2) 海龟 (*Chelonia mydas*)：前额鳞1对，肋盾4对，四肢浆状，指、趾通常具1爪，隶属海龟科，为国家二级保护动物。
　　3) 大头平胸龟 (*Platysternon megacephalun*)：俗称"鹰嘴龟"、"大头龟"、"蛇头龟"，四肢不呈浆状，指5爪、趾4爪，头大不能缩入龟壳内，上颌钩曲如鹰嘴，尾较长，约与背甲等长，隶属平胸龟科。
　　4) 乌龟 (*Chinemys reevesii*)：四肢不呈浆状，指5爪、趾4爪，头可缩入甲壳内，背甲上有三条嵴棱，隶属龟科。

5)黄缘闭壳龟(*Cuora flavomarginata*)：四肢不呈桨状，指、趾具 4 爪，头背光滑无鳞，吻黄色，眼后两侧各有一条金黄色条纹达枕部，背甲外侧缘及缘盾腹面和腹甲外缘均为米黄色，隶属龟科。

6)中华鳖(*Trionyx sinensis*)：俗称"甲鱼"、"团鱼"，体背面具革质皮、皮下有骨板，吻突与眼径约相等，隶属鳖科。

7)丽棘蜥(*Acanthosaura armata armata*)：俗称"蛇王"、"七步跳"、"七步倒"等，颞部及眼后有棘，眼后棘之长小于眼径之半，隶属鬣蜥科。

8)多疣壁虎(*Gekko japonicus*)：俗称"神虫"、"白蚁虎"，粒鳞之间疣鳞很多，吻鳞达鼻孔，体背灰褐，具有 5~8 浅色横斑，雄性尾基腹面膨大，具有肛前窝，隶属壁虎科。

9)石龙子(*Eumeces chinensis*)：俗称"四脚蛇"、"百公蛇"、"度知"等。头顶有对称排列的大鳞，鳞片圆形(圆鳞)，覆瓦状排列，背面黄棕色，隶属石龙子科。

10)北草蜥(*Takydromus septentrionalis*)：头顶有对称排列的大鳞，鳞片方形(方鳞)，尾极细长，隶属蜥蜴科。

11)脆蛇蜥(*Ophisaurus gracilis*)：俗称"山黄鳝"，无四肢，形似蛇，但尾长大于头体长，体侧有纵沟，隶属蛇蜥科。

12)巨蜥(*Varanus salvator*)：体型大，可达 1m 以上，尾侧扁，头顶无大鳞，背鳞颗粒状，趾侧扁，隶属巨蜥科，为国家一级保护动物。

13)鳄蜥(*Shinisaurus crocodilurus*)：尾部背侧由大鳞形成两行纵嵴，系我国特产动物，隶属鳄蜥科，为国家一级保护动物。

14)钩盲蛇(*Ramphotyphlops braminus*)：俗称"铁线蛇"，体细小，眼退化，形似蚯蚓，但有鳞片，周身鳞片大小相似，隶属盲蛇科。

15)蟒蛇(*Python molurus bivittatus*)：俗称"蚺蛇"、"锦蛇"。体大，肛前两侧各有 1 个爪状的后肢残迹，隶属蟒蛇科，为国家一级保护动物。

16)中国水蛇(*Enhydris chinensis*)：俗称"泥蛇"，属后沟牙毒蛇，鼻孔开口于吻背(鼻间鳞只有 1 枚)，体侧有一条浅色纵纹，隶属游蛇科水游蛇亚科。

17)乌梢蛇(*Zaocys dhumnades*)：俗称"乌风蛇"，背鳞偶数行(通常16-16-14)，体近乌黑色，背脊有两条纵贯全身的黑线，隶属游蛇科游蛇亚科。

18)翠青蛇(*Eurypholis major*)：全身体绿，尾无异色，头不呈三角形，野外常被误认为竹叶青，隶属游蛇科游蛇亚科。

19)黑眉锦蛇(*Elaphe taeniura*)：体青绿色，两眼后方有黑条纹，体前段背面有黑色细横纹，体后段背面有 2 条宽带状黑色纵纹，隶属游蛇科游蛇亚科。

20)眼镜蛇(*Naja naja atra*)：俗称"饭匙倩"、"蝙蝠蛇"，颈部能膨扁，背面有近似眼镜状斑纹，体背面有浅色横纹，体色变化很大。在第 4 及第 5 片下唇鳞之间唇缘处嵌有一枚较小的鳞片，隶属眼镜蛇科。

21）眼镜王蛇（*Ophiophagus hannah*）：俗称"大眼镜蛇"、"大扁颈蛇"，似眼镜蛇，枕部有一对枕鳞，隶属眼镜蛇科。

22）金环蛇（*Bungarus fasciatus*）：俗称"玄南鞭"、"黄金甲"，通身有几乎相等的黑黄相间环纹，背脊明显棱起呈嵴，尾末端钝圆，隶属眼镜蛇科。

23）银环蛇（*Bungarus m. multicinctus*）：俗称"簸箕甲"、"手巾蛇"，体背黑白相间，白色横纹较窄，腹面灰白或黄白色，隶属眼镜蛇科。

24）长吻海蛇（*Pelamis platurus*）：俗称"细腹鳞海蛇"、"黄腹海蛇"，头狭长，吻长，体短而极侧扁，体背棕黑色，腹土黄色，二色在体侧截然分开，隶属眼镜蛇科。

25）青环海蛇（*Hydrophis cyanocinctus*）：体长，头中等大小，橄榄色或黄色，背深灰色，有青黑色环纹达腹部，隶属眼镜蛇科。

26）圆斑蝰（*Vipera russelli siamensis*）：俗称"古钱窗"，体粗壮，尾较短，头略呈三角形，头背面都是起棱的小鳞，背鳞具强棱，背面三纵行大圆斑，隶属蝰科蝰亚科。

27）尖吻蝮蛇（*Deinagkistrodon acutus*）：俗称"蕲蛇"、"棋盘蛇"、"五步蛇"等，吻端尖而略翘向上方，头呈三角形，头背面具对称大鳞片，有颊窝，体形粗壮，背面正中有 20 多个方形大斑，隶属蝰科蝮亚科。

28）短尾蝮（*Agkistrodon blomhoffii brevicaudus*）：俗称"草上灰"、"土公蛇"等，头略呈三角形，有颊窝，头背面有对称大鳞片，背面两纵行大圆斑，彼此并列或交错。眼后到颈部有一镶深棕色的褐色纹，其上又镶以黄白色细纹，隶属蝰科蝮亚科。

29）竹叶青蛇（*Trimeresurus stejnegeri stejnegeri*）：俗称"青竹丝"、"青竹标"、"焦尾巴"等，有颊窝，头背面都是小鳞片，通身绿色，体侧有白色或红白各半的纵纹，眼睛红色，尾背及尾端焦红色，隶属蝰科蝮亚科。

30）原矛头蝮（*Protobothrops mucrosquamatus*）：俗称"烙铁头"、"龟壳花"、"笋壳斑"等，有颊窝，头背面都是小鳞片，体色棕黄或红褐，背脊有一行暗紫色波状纹，隶属蝰科蝮亚科。

31）扬子鳄（*Alligator sinensis*）：吻钝圆，下颌第 4 齿嵌入上颌凹陷内，隶属鼍科。

【作业与思考】

写出所观察物种的分类地位（所属的目与科）及主要鉴别特征。

实验 24 鸟类的骨骼系统

【目的与要求】
    1. 掌握与了解鸟类骨骼系统的组成及相应形态结构；
    2. 理解鸟类骨骼特点与飞翔生活相适应的特点。

【实验材料】
    鸟类的整体骨骼标本和离散骨骼标本。

【用具与药品】
    解剖盘、解剖镊等。

【操作与观察】
    在观察骨骼系统中各部分结构之前，先观察骨骼整体标本，初步了解鸟类骨骼系统的整体结构特点及各部分骨骼的位置。

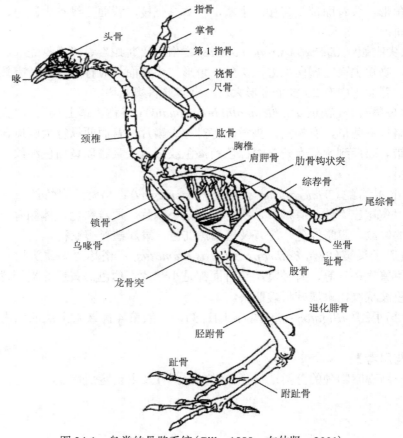

图 24-1 鸟类的骨骼系统(Gill，1989；左仲贤，2001)

　　鸟的骨骼系统由中轴骨骼和附肢骨骼组成。中轴骨骼包括头骨、脊柱和胸骨，附肢骨骼包括带骨与肢骨(图 24-1)。

　　1. 中轴骨骼——头骨、脊柱和胸骨

　　(1)头骨

　　因适应飞翔生活，鸟类头骨有所特化。鸟类头部的骨骼多由薄而轻的骨片组成，各骨块已愈合成一个整体。骨内有蜂窝状的小腔，充满空气。头骨属高颅型。头骨的前部为颜面部；后部为顶枕部，枕骨大孔移向后腹面，单枕髁，头骨两侧中央为大的眼眶，为颞窝和眼窝合并而成，眼眶后方有小的耳孔，上下颌骨前伸形成喙，整个头骨愈合成一完整的颅骨(图 24-2)。鸟类不具牙齿。

　　(2)脊柱

　　鸟类的脊柱分化为颈椎、胸椎、腰椎、荐椎和尾椎 5 个区。除颈椎和尾椎外，鸟类大部分椎骨已愈合。

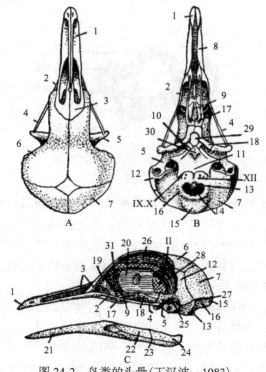

图 24-2　鸟类的头骨(丁汉波，1983)

A. 背面观；B. 腹面观；C. 侧面观

1. 前颌骨；2. 上颌骨；3. 鼻骨；4. 方轭骨；5. 方骨；6. 额骨；7. 顶骨；8. 颌腭突起；9. 副蝶骨；10. 耳咽管孔；11. 基枕骨；12. 鳞骨；13. 枕骨；14. 枕骨大孔；15. 上枕骨；16. 外枕骨；17. 腭骨；18. 翼骨；19. 泪骨；20. 眶间隔；21. 齿骨；22. 上隅骨；23. 隅骨；24. 关节骨；25. 鼓室；26. 额骨眶板；27. 人字缝；28. 翼蝶骨；29. 前蝶骨；30. 基蝶骨；31. 中筛骨；Ⅱ、Ⅸ、Ⅹ、Ⅻ，脑神经孔颈椎：颈椎数目多，鸡的颈椎为 16~17 枚，彼此分离。第 1 枚颈椎呈环状，称寰椎，与头骨的单枕髁相连。第 2 枚颈椎特化为枢椎，枢椎前面有一齿突伸入寰椎。其他颈椎均为马鞍形（又名异凹型，即椎体水平切面为前凹型，矢状切面为后凹型）。除寰椎外，均具向后突出的退化肋骨，以两头与横突愈合，基部形成椎动脉孔，供椎动脉通过。最后几枚颈椎具游离的短肋（图 24-3）。

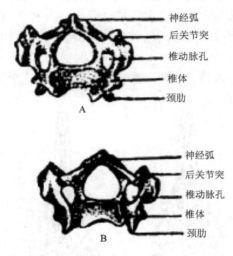

图 24-3　鸽的颈椎（王所安，1960）

A. 背面观；B. 腹面观

胸椎：一般以具肋骨为特征。7 枚胸椎，其椎棘、椎体、横突及关节突彼此愈合甚紧，不能活动。5 枚胸椎、肋骨和胸骨共同构成胸廓。家鸽胸骨发达，均为硬骨，分为连接胸椎的椎肋和连于胸骨的胸肋两段。椎肋后缘各具一个鸟类特有的钩状突，向后伸出搭在后一条肋骨上，增强胸廓的坚固性。胸骨腹面向外隆起称龙骨突，供强大的肌肉附着，利于飞翔。

综荐骨：由最后一些胸椎、腰椎（5~6 枚）、荐椎（2 枚）和部分尾椎（5 枚）愈合而成。最前方的 1~3 枚椎骨带有完全的肋骨，为胸椎成分。

尾椎：在愈合荐骨的后方有 6 枚相对分离的尾椎骨。

尾综骨：位于脊柱的末端，由 4 枚尾椎骨愈合而成，尾羽着生在此骨上。

（3）胸骨

鸟类的胸骨较宽大，两侧缘与肋骨相接。胸骨腹面中央有一强大的突起，为突胸鸟类的龙骨突。胸骨前端向前伸出一对短的肋骨突，后端两侧有两个较长的分叉的剑状突（图 24-4）。

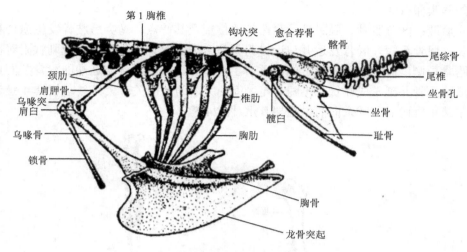

图 24-4　鸽的躯干部骨骼(王所安，1960)

2. 附肢骨骼——带骨和附肢骨

（1）肩带和前肢

肩带：由肩胛骨、乌喙骨及锁骨组成，三骨的连接处构成肩臼。肩带分为左右两部，在腹面与胸骨连接。

肩胛骨：为狭长的骨片，位于肋骨的背面，胸椎的两侧，与脊柱平行，向后延伸达髂骨的前缘。

乌喙骨：相对粗大，位于肩胛骨腹方，前端与肩胛骨形成肩臼，与肱骨形成活动关节，后端与胸骨相联结。

锁骨：细长，两侧锁骨以及退化的间锁骨(圆形薄骨片，已与锁骨愈合)在腹中线愈合，呈"V"形，又名叉骨，为鸟类特有。

肩臼：由肩胛骨和乌喙骨形成的关节凹，与肱骨相联结。

前肢：特化成翼。分肱骨、尺骨、桡骨、腕骨等骨骼，注意其腕掌骨合并及指骨退化的特点。肱骨粗大，其腹面有一个气孔供气囊通入骨腔。尺骨较桡骨大，尺骨外缘着生次级飞羽。腕骨仅留两块独立的骨块，分别是尺腕骨和桡腕骨，其余腕骨均与第 1~第 3 骨愈合为腕掌骨，其余掌骨退化。前肢仅留第 1~第 3 指，分别与 3 个掌骨相连，第 1 和第 3 指仅 1 节指骨，第 2 指有 2 节指骨。指端一般无爪（图 24-5）。

（2）腰带及后肢

腰带：构成腰带的髂骨、耻骨、坐骨愈合成无名骨。无名骨借助髂骨与脊柱的综荐骨愈合在一起形成强大的骨盘。髂骨构成无名骨的前部，坐骨构成其后部。耻骨细长，位于坐骨的腹缘。左右耻骨在腹面不愈合，形成开放型骨盆，与产大型的羊膜卵有关。

　　后肢：区分股骨、胫跗骨、跗跖骨的位置及其特点。鸟类后肢骨发生愈合和加长。股骨粗短，胫骨发达并与近排跗骨愈合成胫跗骨，腓骨退化成刺状附着在胫跗骨外侧。股骨与胫跗骨之间的关节上有髌骨。4 枚距骨与远端的跗骨共同愈合成跗跖骨并延长成棒状。小腿与足之间的关节为跗间关节。鸟类一般具 4 趾，通常第 1 趾向后，其余向前。趾端具爪（图 24-5）。

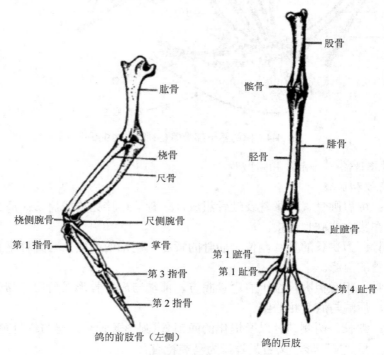

鸽的前肢骨（左侧）

鸽的后肢

图 24-5　鸽的前后肢（王所安，1960）

【作业与思考】

　　1. 绘制鸟类的附肢骨骼。

　　2. 鸟类骨骼系统中哪些结构特征与其飞翔相适应？

实验 25　家鸽的外形及内部解剖

【目的与要求】

1. 了解鸟类各系统的基本特征和特有结构，认识鸟类适应飞翔生活的主要特征；

2. 掌握鸟类的一般解剖方法。

【实验材料】

家鸽

【用具与药品】

一次性注射器、针头、解剖盘、解剖刀、骨剪、剪刀、镊子、吸水纸、干棉球、纱布等。

【操作与观察】

1. 外形

体小而紧凑，具流线型外廓，体表被羽。家鸽身体分头、颈、躯干、尾和四肢 5 部分(图 25-1)。

1)头：圆球形，前端具上下颌延伸而成的长形角质喙，上喙基部为鼻孔，鼻孔上的皮肤隆起即蜡膜。眼大，有上下眼睑及半透明的瞬膜。轻轻拉开眼睑，在眼内侧前端有瞬膜。耳孔位于眼后方，有外耳道形成，耳孔周围有耳羽覆盖。

2)颈：长而灵活。

3)躯干：躯干呈卵圆形，腹面因具隆起的龙骨突和发达的胸肌而向外突起。

4)尾：短小，位于身体末端，为一肉质突起，其背面两侧突起的皮下具尾脂腺，泄殖孔开口于尾的腹面。

5)四肢：附肢 2 对，前肢变成翼，适于飞翔；后肢股部埋于躯体内，下部被角质鳞片，具 4 趾，3 前 1 后，趾端具爪。

鸟类的体表被覆羽毛。按照形态结构可将羽毛分为正羽、绒羽和纤羽三类。正羽即覆盖在体表的大型羽毛，由羽轴、羽片构成；绒羽蓬松，密布在正羽下面，具保温作用；纤羽，又称毛羽，如毛发，夹杂在其他羽毛之间，拔去正羽和绒羽的鸟体上方即可见到，状似毛发，只具一毛干(图 25-2)。

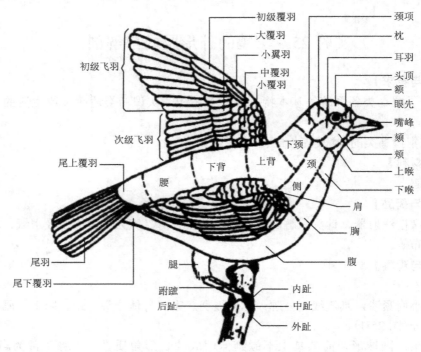

图 25-1　鸟类外形(姜乃澄和卢建平，2001)

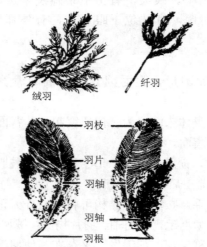

图 25-2　鸟类羽毛种类及结构(Gill，1989；左仲贤，2001)

2. 内部结构

(1) 处死

窒息法：右手握住家鸽双翼紧压腋部，左手以拇指和食指压住鼻孔，中指顶住颌部，数分钟后令其窒息而死，或将其头部浸入水中致其窒息死亡。

空气注射法：选择家鸽翅静脉注射少量空气，形成空气栓塞致死。

（2）解剖

用水稍浸湿家鸽腹侧羽毛，顺着羽毛的方向拔除颈、胸和腹部羽毛。拔下的羽毛放入盛有水的玻璃杯中。将拔去羽毛的家鸽放入解剖盘内，腹面向上。观察皮肤上着生羽毛的羽区和不着生羽毛的裸区。

沿龙骨突切开皮肤。切口前至嘴基，后至泄殖腔。用刀柄分开皮肤和肌肉，向两侧拉开皮肤，小心暴露气管、食道、嗉囊等，以免破损。

用骨剪剪断胸骨与肋骨相连处，同时将乌喙骨与叉骨（锁骨）联结处剪断。将胸骨与乌喙骨等一同揭去。向后剪开腹壁，直至泄殖腔。此时可暴露和观察家鸽内脏器官的自然位置。

（3）内部结构的观察

1）呼吸系统：因特有结构气囊与肺相通，鸟类呼吸为双重呼吸。

外鼻孔：开口于上喙基部、蜡膜的前下方。

内鼻孔：位于口顶中央的纵行沟内。

喉：舌根之后，中央的纵裂为喉门。

气管：一般与颈同长，由环状软骨构成。气管向后分为左右支气管入肺。在左右气管分叉处有一较膨大的发生器，即鸣管。

肺：1 对，位于胸腔背方，为弹性较小的粉红色实心海绵状器官，紧贴在体腔前方的脊柱两侧。

气囊：与肺相通的膜状囊，9 个，分布于颈、胸、腹和和肱骨的内部。用玻璃管插入气管，吹入少量空气，可见薄膜状气囊鼓起。气囊分颈气囊、锁间气囊（单个）、前胸气囊、后胸气囊和腹气囊。

2）消化系统：包括消化管和消化腺（图 25-3）。

① 消化管。

口腔：口腔内无齿，口腔顶部两个纵走的黏膜褶壁中间有内鼻孔。口腔底部为可活动的舌，呈狭长的三角形，尖端角质化。口腔后部通咽，为消化系统和呼吸系统的共同开口。

食管：咽后一薄壁长管，沿颈部左侧下行。食管在颈的基部膨大成嗉囊，为临时储存和软化食物的场所。鸭鹅没有明显的嗉囊。

胃：由腺胃和肌胃组成。腺胃又称前胃，与嗉囊相连，壁薄呈长纺锤形，可分泌消化液。肌胃（砂囊）扁椭圆形，位于肝脏后方左侧。剖开肌胃，可见发达的肌肉壁及较厚的角质膜，呈黄绿色。肌胃内常有吞食的砂粒，用以磨碎食物。

十二指肠：位于腺胃和肌胃的交界处，呈"U"形弯曲。

小肠：细长，盘曲于腹腔内，与直肠相连。

　　直肠(大肠)：短而直，末端开口于泄殖腔。大小肠交界处有一对很小的豆状盲肠(盲肠大小与鸟类食性密切相关)。

　　② 消化腺。

　　肝脏：覆盖在胃上方。红褐色，分左右二叶，左叶较右叶小，家鸽无胆囊(鸡肝脏右叶有一长形胆囊)。肝脏的右叶背面有一深的凹陷，自此处伸向两支胆管，注入十二指肠。

　　胰脏：淡黄色，夹在十二指肠"U"形弯曲之间的肠系膜上。分背、腹、前三叶，由腹叶发出两条、背叶发出一条胰管通过十二指肠。

　　肝脏下方腺胃右侧的系膜上有一紫红色近椭圆形脾脏，是造血器官。

　　3) 循环系统。

　　① 心脏：位于胸腔内，体积很大，包括心房和心室。用镊子拉起心包膜，然后以小剪刀纵向剪开，从心脏的背侧和外侧除去心包膜。心脏表面浅沟将心脏分成 2 个心房和 2 个心室。心脏前面褐红色的扩大部为左右心房，后面颜色较浅的为左右心室，心室壁的肌肉较心房厚。静脉窦退化(图 25-4)。

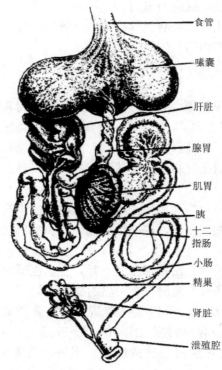

食管
嗉囊
肝脏
腺胃
肌胃
胰
十二指肠
小肠
精巢
肾脏
泄殖腔

图 25-3　家鸽的消化系统(Young，1962；左仲贤，2001)

　　② 动脉系统：鸟类仅具右体动脉弓。靠近心脏的基部，清理余下的心包膜、

结缔组织和脂肪，暴露出由右体动脉弓分出的两条较大的灰白色血管，即无名动脉。无名动脉分出颈动脉、锁骨下动脉、肱动脉和胸动脉，分别进入颈部、前肢和胸部(锁骨下动脉为无名动脉的直接延续)。右体动脉弓转向背侧后，成为背大动脉后行，沿途发出许多血管，分布于身体各处。再将左右心房无名动脉略略提起，可见下面的肺动脉分成两支后，绕向背后侧而到达肺脏(图 25-4)。

　　③ 静脉系统：左右心房前方的两条粗而短的静脉干，即为前大静脉，由颈静脉、肱静脉和胸静脉汇合而成。这些静脉差不多与同名的动脉相平行，因而容易看到。将心脏翻向前方，可见一条粗大的血管由肝脏的右叶前缘通至右心房，即后大静脉。来自肺部的两条血管进入左心房，即肺静脉(图 25-4)。

　　4) 泌尿生殖系统。

　　① 排泄系统。

　　肾脏：一对，暗红色，紧贴在脊柱(综荐骨)两侧，各分前、中、后三叶(图 25-5)。

　　输尿管：一对，很细。由肾脏中部腹面发出，向后通入泄殖腔。鸟类不具膀胱(图 25-5)。

　　泄殖腔：直肠末端的膨大，是消化系统、排泄系统和生殖系统共同的通路。剪开泄殖腔，可见腔内具二横褶，将泄殖腔分为 3 室：前面较大的为粪道，直肠即开口于此；中间为泄殖道，输精管(或输卵管)及输尿管开口于此；最后为肛道(图 25-5)。

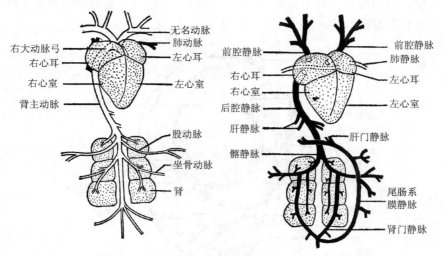

图 25-4　鸟类的主要动脉和静脉分支(丁汉波，1983)

　　② 生殖系统。

　　雄性：睾丸(精巢)一对，椭圆形，乳白色，位于肾脏前端腹面。由睾丸内侧向后伸出细长弯曲的输精管，与输尿管平行，末端膨大，通入泄殖腔(图 25-5)。

雌性：右侧卵巢退化；左侧卵巢位于肾前端腹面，表明颗粒即发育程度不同的卵细胞，黄色，呈葡萄状；家鸽输卵管发达，前端为喇叭口，开口于卵巢附近的腹腔；后方弯曲处的内壁富有腺体，可分泌蛋白质和卵壳；末端膨大为子宫，子宫后接细狭的阴道，通入泄殖腔（图 25-5）。

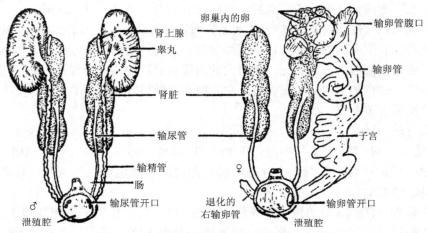

图 25-5　家鸽的泌尿生殖系统（丁汉波，1983）

5）神经系统：主要观察脑的各个部分（图 25-6）。

大脑：脑前端有一对不发达的嗅叶，其后是发达的大脑半球，大脑半球向后掩盖间脑和中脑前部。

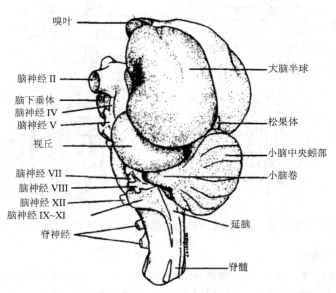

图 25-6　鸟类中枢神经系统（Young，1962；左仲贤，2001）

间脑：将大脑半球向两旁分开，其下有圆形的隆起即为间脑。

中脑：位于大脑半球后下方的两侧，以一对圆形的视叶最为发达。

小脑：小脑发达，中央为小脑蚓部，两侧为小脑卷。小脑的发达与鸟类飞行动作多样和复杂有关。

延脑：小脑之后为延脑，其后连接脊髓。

【作业与思考】

1. 绘家鸽内部解剖图，注明主要器官名称。
2. 归纳各系统中哪些形态结构属于家鸽适应飞翔生活的特点。

实验 26　鸟纲的分类

【目的与要求】

    1. 了解各纲、目、重要科及常见种的鉴别特征；

    2. 掌握分类术语和测量方法；

    3. 能够识别当地常见鸟类。

【实验材料】

    各类群代表鸟类的陈列标本。

【用具与药品】

    卡尺、直尺、解剖盘和放大镜等。

【操作与观察】

    1. 鸟类常用分类测量术语

    鸟类常用分类测量术语见图 26-1。

    全长(total length)：自嘴端至尾端的长度。

    嘴峰长(culmen length)：自嘴基生羽处至上喙先端的直线距离(具蜡膜但不包括蜡膜)。

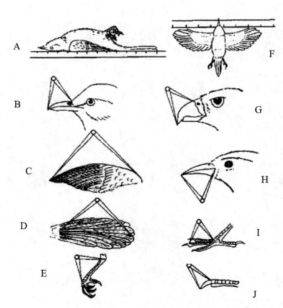

图 26-1　鸟体测量(刘凌云和郑光美，1997)

A. 全长；B. 嘴峰长；C. 翼长；D. 尾长；E. 跗跖长；F. 展翅长；G. 嘴峰长(不包括蜡膜)；
H. 口裂；I. 趾长；J. 爪长

翼长(wing length)：自翼角(腕关节)至最长飞羽先端的直线距离。

尾长(tail length)：自尾羽基部到最长尾羽末端的长度。

跗趾长(tarsometatarsus length)：常称腿长，自跗胫关节的中点，至跗跖与中趾关节前面最下方的整片鳞的下缘。

体重(weight)：标本采集后所称量的重量。

2. 各部形态的分类鉴定术语

(1) 头部

额：或称前头。头的最前部，与上嘴基部相接。

头顶：额后的头顶正中部区域。

冠纹：头顶上的纵纹。

眉纹：位于眼上，类似于眉毛的斑纹。

眼先：额的两侧，嘴角之后，眼之前的区域。

过眼纹：或称贯眼纹，自眼先穿过眼延伸至眼后的纵纹。

冠羽：头顶上特别延长或耸起的羽毛，常形成冠状。

耳羽：耳孔上的羽毛，位于眼的后方。

(2) 颈

后颈：与头的枕部相接近的颈后部，又分为上颈和下颈。

前颈：颈部的前面，紧接喉下方的区域。

喉囊：喉部可伸缩的皮囊结构。食鱼鸟类常有。

(3) 躯干部

背：下颈之后、腰部之前的区域，可分为上背和下背。

肩：背的两侧及两翅的基部。

腰：躯干背面的最后一部分，其前为下背，其后为尾上覆羽。

胸：躯干下面最前的一部分，前接前颈，后按腹部。

腹：胸部以后至尾下覆羽前的区域，前接胸部，后则止于泄殖孔。

(4) 嘴

嘴峰：上嘴的顶脊。

蜡膜：上嘴基部的膜状覆盖构造，如家鸽。

鼻孔：鼻向外的开孔，位于上嘴基部的两侧。

嘴须：着生于嘴角的上方。

(5) 翼

飞羽(remige or flight feather)：初级飞羽(着生于掌骨和指骨)、次级飞羽(着生于尺骨)、三级飞羽(为最内侧的飞羽，着生于肱骨)。

覆羽(wing covert)：覆于翼的表里两面；分为初级覆羽、次级覆羽(分大、中、小三种)。

小翼羽（alula or winglet or bastard wing）：位于翼角处。

翼镜：又称翼斑，即翼上明显的色斑。

（6）后肢

跗跖部（tarso-metatarsus）：位于胫部与趾部之间，或被羽，或着生鳞片。跗跖后缘的被鳞情况有以下几种。

盾状鳞：鳞片呈方形，纵列，如雉鸡等。

网状鳞：鳞片呈六角形或近圆形，交错排列，似网眼，如鸨鹬、白鹳等。

靴化鳞：鳞片连成一整片，似靴筒状，如鸫科鸟类。

（7）趾部（图 26-2）

通常为 4 趾，依其排列的不同，可分为下列几种。

不等趾型（常态足）（anisodactylous foot）：3 趾向前，1 趾（即大趾）向后，为最常见的一种，如鸡类。

对趾型（zygodactylous foot）：第 2 和第 3 趾向前，第 1 和第 4 趾向后，如啄木鸟、大杜鹃等。

异趾型（heterodactylous foot）：第 3 和第 4 趾向前，第 1 和第 2 趾向后，如咬鹃。

并趾型（syndactylous foot）：似常态足，但前 3 趾的基部并连，如佛法僧目鸟。

前趾型（pamprodactylous foot）：4 趾均向前方，如雨燕目鸟。

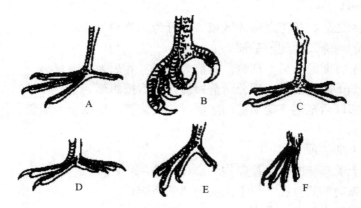

图 26-2　鸟趾的各种类型（刘凌云和郑光美，1997）
A 和 B. 不等趾型（常态足）；C. 对趾型；D. 异趾型；E. 并趾型；F. 前趾型

（8）蹼（图 26-3）

大多数水禽具蹼，可分为以下几种。

全蹼足（totipalmate foot）：4 趾间均有蹼膜相连，如鹈鹕、鸬鹚。

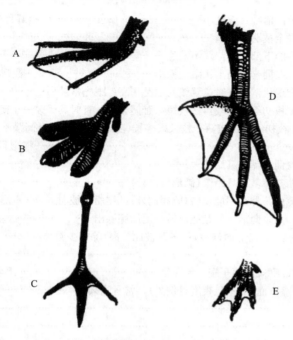

图 26-3　鸟类的蹼(姜乃澄和卢建平，2001)
A. 满蹼足；B. 瓣蹼足；C. 半蹼足；D. 全蹼足；E. 凹蹼足

蹼足(palmate foot or webbed foot)：前趾间具发达的蹼膜，如鸭类、燕鸥等。

凹蹼足(incised palmate foot)：与蹼足相似，但蹼膜向内凹入，如浮鸥等。

半蹼足或微蹼足(semipalmate foot)：蹼退化，仅在趾间基部存留，如鹭、鹳、鸳等。

瓣蹼足(lobed foot)：趾两侧附有叶状蹼膜，如䴙䴘、骨顶鸡。

3. 分类检索

全世界现存鸟类9000余种。其中，分布于我国的鸟类有1332种、24目。

我国常见鸟类目别检索

1. 脚适于游泳；蹼较发达 ·· 2
　脚适于步行；蹼不发达或缺 ·· 5
2. 趾间具全蹼 ··· 鹈形目(Pelecaniformes)
　趾间不具全蹼 ··· 3
3. 嘴通常平扁，先端具嘴甲；雄性具交接器 ······································ 雁形目(Anseriformes)
　嘴不平扁；雄性不具交接器 ·· 4
4. 翅尖长；尾羽正常；趾不具瓣蹼 ··· 鸥形目(Lariformes)

　　　翅短圆；尾羽甚短；前趾具瓣蹼 ·· 䴙䴘目 (Podicipediformes)

5. 颈和脚均较短；胫全被羽；无蹼 ·· 8
　　颈和脚均较长；胫的下部裸出；蹼不发达 ··· 6

6. 后肢发达，与前趾在同一平面上；眼先裸出 ······························· 鹳形目 (Ciconiiformes)
　　后肢不发达或完全退化，存在时位置较其他趾稍高；眼先常被羽 ·································· 7

7. 翅大都短圆，第 1 枚初级飞羽较第 2 枚短；趾间无蹼，有时具瓣蹼 ······ 鹤形目 (Gruiformes)
　　翅大都形尖，第 1 枚初级飞羽较第 2 枚长或等长 (麦鸡属例外)；趾间蹼不发达或缺 ········
　　·· 鸻形目 (Charadriiformes)

8. 嘴爪均特强锐而弯曲；嘴基具蜡膜 ··· 9
　　嘴爪平直或稍弯曲；嘴基不具蜡膜 (鸽形目例外) ·· 10

9. 蜡膜裸出；两眼侧位；外趾不能反转 (鹗属例外)；尾脂腺被羽 ········ 隼形目 (Falconiformes)
　　蜡脂被硬须掩盖；两眼向前；外趾能反转；尾脂腺裸出 ··················· 鸮形目 (Strigiformes)

10. 3 趾向前，1 趾向后 (后趾有时缺少)；各趾彼此分离 (除极少数外) ······························ 15
　　趾不具上列特征 ··· 11

11. 足大都呈前趾型；嘴短阔而平扁；无嘴须 ······································· 雨燕目 (Apodiformes)
　　足不呈前趾型；嘴强而不平扁 (夜鹰目例外)，常具嘴须 ·· 12

12. 足呈对趾型 ··· 13
　　足不呈对趾型 ·· 14

13. 嘴强直呈凿状；尾羽通常坚挺尖出 ·· 䴕形目 (Piciformes)
　　嘴端稍曲，不呈凿状；尾羽正常 ·· 鹃形目 (Cuculiformes)

14. 嘴长或强直，或细而稍曲；鼻不呈管状；中爪不具栉缘 ············· 佛法僧目 (Coraciiformes)
　　嘴短阔；鼻通常呈管状；中爪具栉缘 ·· 夜鹰目 (Caprimulgiformes)

15. 嘴基柔软，被以蜡膜；嘴端膨大而具角质 (沙鸡属例外) ··············· 鸽形目 (Columbiformes)
　　嘴全被角质，嘴基无蜡膜 ··· 16

16. 后爪不较其他趾的爪长；雄鸟常具距突 ··· 鸡形目 (Galliformes)
　　后爪较其他趾的爪长；无距突 ··· 雀形目 (Passeriformes)

鹳形目科别检索

1. 中趾爪的内侧具栉缘 ··· 鹭科 (Ardeidae)
　　中趾爪的内侧不具栉缘 ·· 2

2. 嘴粗厚而侧扁，不具鼻沟 ··· 鹳科 (Ciconiidae)
　　嘴呈匙状或筒状，鼻沟甚长，几伸至嘴端 ···································· 鹮科 (Threskiornithidae)

白鹭属 *Egretta* 种别检索

1. 胫的裸出部远较内趾 (连爪) 为长 ·· 2
　　胫的裸出部仅较内趾 (连爪) 稍短 ··· 岩鹭 (*E. sacra*)

2. 翅长超过 350mm；无羽冠和胸前蓑羽 ·· 大白鹭 (*E. alba*)
　　翅长不超过 350mm ·· 3

3. 翅长为 290~350mm；无羽冠，但具蓑羽；趾黑 ···························· 中白鹭 (*E. intermedia*)

　　翅长不及 290mm；有羽冠；胸前被以矛状长羽；趾黑而杂以黄色·············4
4. 嘴黑··白鹭（*E.garzetta*）
　　嘴黄··黄嘴白鹭（*E.eulophotes*）

隼形目科别检索表

上嘴每侧有单个齿状突起；鼻孔圆形，中央有骨质突起·············隼科（Falconidae）
上嘴有垂突或每侧有双齿突；鼻孔椭圆形，中央无骨质突起·········鹰科（Accipitridae）

鸡形目科别检索表

鼻孔被羽掩盖；跗跖完全或局部被羽；无距；趾或裸出而具栉缘，或被羽··············
···松鸡科（Tetraonidae）
鼻孔不被羽掩盖；跗跖不被羽；雄具距；趾裸出，不具栉缘·········雉科（Phasianidae）

佛法僧目科别检索表

1. 嘴形粗厚而直··2
　　嘴形细长而下曲··4
2. 嘴上通常具盔突···犀鸟科（Bucerotidae）
　　嘴上无盔突··3
3. 嘴短；翅形长圆，仅有 10 枚飞羽；尾脂腺裸出·············佛法僧科（Coraciidae）
　　嘴长；翅形短圆，有 11 枚飞羽；尾脂腺被羽·············翠鸟科（Alcedinidae）
4. 头具羽冠；尾脂腺被羽；尾羽 10 枚；后爪远较中爪长·············戴胜科（Upupidae）
　　头无羽冠；尾脂腺裸出；尾羽 12 枚；后爪远较中爪短·············蜂虎科（Meropidae）

　　4. 各目简要特征及重要物种简介
　　䴙䴘目：中等大小的游禽，善于游泳及潜水，不能在陆地上行走。喙细直而尖，趾具分离的瓣状蹼。尾短小，由一簇绒羽组成。
　　小䴙䴘（*Podiceps ruficollis*）：体小而矮扁的深色䴙䴘，善于游泳及潜水。上体灰褐色，后脚位于身体后部，具瓣蹼，翼短，不能久飞。栖息在水草丛生的河湖内，分布于全国各地。
　　凤头䴙䴘（*Podiceps cristatus*）：颈修长，具显著的深色羽冠，上体纯灰褐色，下体近白色。较小䴙䴘大。广泛分布于大中型湖泊。
　　鹈形目：大中型食鱼游禽。四趾均向前，趾间皆具蹼。喙强大而具钩，具发达的喉囊以储存食物。善于游泳和飞翔。
　　鸬鹚（*Phalacrocorax carbo*）：俗称鱼鹰，大型游禽。体纯黑色，肩和翼具青铜棕色。颊部白色。喙呈圆柱状，末端有钩。繁殖于中国各地，在中国南方省份越冬。渔民常用来驯养捕鱼。
　　鹳形目：大中型涉禽。颈长、喙长和腿长，适于涉水取食。趾长，趾间有蹼相连。后趾与前趾在同一个平面上。

白鹭 (*Egretta garzetta*)：中等体型 (60cm)，白色，嘴及腿黑色，趾黄色。繁殖时，颈背具细长饰羽，背及胸有蓑羽。分布在中国南方，为南方常见的鹭科鸟类之一，部分鸟冬季到热带越冬。

苍鹭 (*Ardea cinerea*)：鹭科中最大的一种。嘴黄色。体羽大部分为灰色，飞羽为黑色，腹部白色。颈具黑色纵纹。

雁形目：大中型游禽。喙扁平，喙缘具锯齿形缺刻，可过滤食物，嘴端具加厚的嘴甲。腿短，脚位于身体的后面，前三趾间具蹼。翼的飞羽上常见闪光的绿色、紫色或白色斑块，称为翼镜。

绿头鸭 (*Anas platyrhynchos*)：家鸭的祖先。雌雄异色，雄鸭头和颈呈金属绿色，故称绿头鸭。颈下部有白环，胸部栗色，两翼各具一块鲜明的紫蓝色的翼镜，体羽大体灰褐色；雌鸭棕褐色。繁殖于中国西北和东北，在西藏西南及华南、华中的广大地区越冬。

豆雁 (*Anser fabalis*)：俗名大雁，体型较鸭类大。体背面褐色，羽毛大多具白色羽缘，尾上覆羽部分白色，腹面白色；嘴黑色，近先端处有一黄斑，嘴比头短。豆雁集群飞行时常呈"一"字形或"人"字形，是我国常见的冬候鸟。

小天鹅 (*Cygnus columbianus*)：嘴、脚黑，嘴基的黄斑不达鼻孔。全身雪白。国家重点保护鸟类，为我国的冬候鸟。

隼形目：肉食性猛禽，昼间活动。上喙尖锐钩曲，下喙较短，喙的基部被蜡膜，鼻孔开口于蜡膜上。翼发达，飞翔力强，脚强健有力，具锐利的钩爪，视觉敏锐，适于捕捉猎物。雌鸟较雄鸟大。

红隼 (*Falco tinnunculus*)：小型赤褐色猛禽。雄鸟头顶及颈背灰色，尾蓝灰无横斑。上体赤褐略具黑色横斑，下体皮黄而具黑色纵纹；雌鸟稍大，上体全褐。中国常见，喜欢开阔原野。

鸡形目：大都为地栖性鸟类。体格结实，腿脚健壮，具适于掘土的钝爪。不善远飞。喙短而坚，上喙稍曲而稍长于下喙。雌雄大都异色，羽色较雌鸟鲜艳。

环颈雉 (*Phasianus colchicus*)：俗名雉鸡。雄鸟羽色绚丽，具有鲜明的紫绿色颈部和白色颈环一圈，故称环颈雉。尾羽特长，具横纹。雌鸟土褐色，不具绿颈及白环纹，背向为灰色、栗紫色和黑色相杂，尾羽不长。分布广泛，是我国最常见的鸡形目鸟类之一。

鹤形目：大都为涉禽。具有颈长、喙长、腿长的特点。腿部通常裸露无羽毛，蹼不发达，适于涉水，后趾高于前三趾。翼短圆，尾短。

白鹤 (*Grus leucogeranus*)：身体高大的白色鹤，嘴橘黄，脸上裸皮猩红，腿粉红色。飞行时黑色的初级飞羽明显。幼鸟金棕色。全球性濒危物种，95%的种群集中在江西的鄱阳湖湖区越冬。

黑水鸡(*Gallinula chloropus*)：又称红骨顶，黑白色，额甲亮红，嘴短，体羽全青灰色，仅两胁有白色细纹形成的线条以及尾下有两块白斑。

鸻形目：中小型涉禽。翼尖善飞，奔跑快速，体色多为沙土色。足长，尾短。喙长短不一，具蹼或不具蹼。

金眶鸻(*Charadrius dubius*)：小型涉禽。嘴短，无后趾，黄色眼圈明显；嘴基、前头、眼先、眼下缘到耳区等处有黑色环带；前胸上背具黑色环带。

白腰草鹬(*Tringa ochropus*)：小型涉禽。前额、头顶、后颈及枕呈黑褐色，有古铜色光泽；肩和背具白斑，其他部分羽色大都为黑褐色。下体除胸具褐色斑点外其余均白色。中国仅新疆有繁殖记录，迁徙时常见于中国大部分省份。

鸽形目：包括树栖和陆地生活的鸟类。喙短，具蜡膜。翼发达，善于飞翔，尾短圆。无蹼，4 趾位于同一个平面上。

珠颈斑鸠(*Streptopelia chinensis*)：雌雄体色相似。前头灰色，后颈有明显的珠状斑，故称珠颈斑鸠。上体褐色，下体粉红色。中央尾羽暗褐色，外侧尾羽黑色，末端有宽阔的白斑。常见于华中、西南、华南及华东各地开阔的低地及村庄，为伴人鸟类。

鹃形目：攀禽，常寄生于其他鸟巢。喙稍向下弯曲，具适于攀援的对趾足(2、3 趾向前，1、4 趾向后)。

大杜鹃(*Cuculus canorus*)：连续叫两声一停，鸣声似"布谷"，故又称布谷鸟。翼较长，翼缘白，具褐色横斑，腹部横斑较细。

鸮形目：夜行性猛禽。头大而阔，眼大而向前，眼周由辐射状排列的羽毛形成面盘。喙坚强而钩曲，嘴基具蜡膜。听觉十分敏锐。爪锋利。多捕食鼠类、蜥蜴等。

长耳鸮(*Asio otus*)：耳羽发达，脸形似猫，故称猫头鹰；体背面羽橙黄色，具褐色纵纹及杂斑，腹羽杂有横斑纹。中国北方常见的留鸟和季节性候鸟，越冬于华南及东南的沿海省份及台湾。

佛法僧目：攀禽类。喙长而强直或细而弯曲，腿短，趾三前一后，呈并趾型。多营巢于空洞中。

普通翠鸟(*Alcedo atthis*)：小型鸟，俗名小鱼狗。喙强大，直长而尖；翼短圆形，尾羽短。体背为翠蓝色，胸腹面为栗褐色。食鱼鸟类。比较常见，分布于中国的东北、华东、华中、华南、西南等地。

戴胜(*Upupa epops*)：俗名山和尚。嘴细长而稍向下弯曲，具褐色扇形冠羽(又似僧帽，故名山和尚)。体羽背部淡褐色，翼和尾为黑色而带有白色横斑。比较常见，中国绝大部分地区均有分布。

䴕形目：树栖攀禽。喙强直呈锥状，适于啄木，舌长能伸缩自如，舌尖具倒钩，善于钩取树皮下洞中的蛀虫。足呈对趾型，趾端具锐爪，善于攀登树干。尾呈楔形，啄木时尾羽起着弹性支撑作用。

大斑啄木鸟(*Picoides major*)：上体背面黑色带有白色斑点，腹部褐色，翼上内侧覆羽纵贯一道白斑，尾基腹面红色；雄体头后红色。是中国分布最广泛的啄木鸟。

雀形目：鸣禽。足趾 3 前 1 后，后趾与中趾等长，善于鸣叫和营巢。鸣肌发达，大都善于鸣叫。雀形目是鸟类种类最多的一个目。我国常见的雀形目鸟类约有 30 余科，下面仅选一些常见种。

家燕(*Hirundo rustica*)：背羽黑色，具紫蓝色光泽。喉栗红色，腹部乳白色。尾长而分叉深。几乎繁殖于全国各地，冬季一般南迁，但部分鸟留在云南、海南和台湾等地越冬。

金腰燕(*Hirundo daurica*)：浅栗色的腰和深钢蓝色的上体形成对比，下体白而多具黑色细纹，尾长而分叉。习性似家燕，常见于中国各地。

红尾伯劳(*Lanius cristatus*)：喙似鹰嘴，头顶部淡灰色，贯眼纹黑色，眉纹白色。尾羽棕褐色。

棕背伯劳(*Lanius schach*)：尾长的棕色伯劳，个体较红尾伯劳明显大。头顶及颈背灰色或灰黑色，背、腰、体侧红褐色。常见留鸟。分布于华中、华南、华东及东南等地。

黄鹂(*Oriolus chinensis*)：全身体羽金黄色。头上有一道宽阔黑纹，翼和尾大都黑色。

丝光椋鸟(*Sturnus sericeus*)：灰色或黑白色椋鸟。嘴红色，飞行时飞羽的白斑明显，头具近白色丝状羽。留鸟于中国华南及东南的大部分地区。

八哥(*Acridotheres cristatellus*)：全体羽毛黑色，有光泽。翼上的白色横斑飞翔时呈"八"字形。

秃鼻乌鸦(*Corvus frugilegus*)：体羽全部为黑色且具光泽。成鸟嘴基部无须。繁殖于中国东北、华东、华中的大部分地区，越冬至繁殖区南部及东南沿海省份。

喜鹊(*Pica pica*)：肩羽和腹部白色，其余体羽大都黑色而有光泽。背部带有蓝绿色光泽，嘴脚均黑色。多在地面取食，喜筑巢于高树上，在中国分布广泛而常见。

白头鹎(*Pycnonotus sinensis*)：橄榄色的鹎，眼后一白色宽纹伸至颈背，黑色的头顶略具羽冠。中国南方常见鸟。

画眉(*Garrulax canorus*)：眼圈白色，向后延伸成白色眉状。背部及尾上覆羽呈橄榄褐色。为著名笼鸟，常见于华中、华南及东南的灌丛及次生林。

大山雀(*Parus major*)：头黑色，颊白色，故名白脸山雀。腹面白色，中央贯以显著的黑色纵纹。为分布广泛的常见鸟。

麻雀(*Passer montanus*)：头顶栗褐色，颊部有黑斑，背部黄褐色而有黑色纵纹，喉黑色。为各地留鸟，伴人鸟类，常见于中国各地。

【作业与思考】

1. 根据现有标本编制鸟纲某一科或目的不同鸟种的分类检索表。

2. 结合标本观察，比较鸟纲至少 8 个目的特征。

3. 根据标本馆条件，观察同一目下不同物种之间的主要区别，记录 20 种左右鸟类的主要鉴别特征，特别是同一个目内的个体比较，注意不同个体喙形、羽色、个体大小、爪、眉纹、贯眼纹等的特征。

实验 27　哺乳类的骨骼系统

【目的与要求】

1. 了解哺乳动物中轴骨骼(头骨、脊柱和胸廓)和附肢骨骼等的形态结构;
2. 初步掌握哺乳动物骨骼的组成。

【实验材料】

哺乳动物(家兔)的整体骨骼标本和分离骨骼标本。

【用具与药品】

解剖盘、解剖镊等。

【操作与观察】

哺乳动物的骨骼系统包括中轴骨骼和附肢骨骼。

1. 中轴骨骼——头骨、脊柱和胸廓

(1)头骨

哺乳动物的头骨全部骨化,仅鼻筛部留有少许软骨;骨块愈合程度高,高颅型(图 27-1)。头骨包括脑颅(图 27-2)和咽颅(图 27-3)两部分。由后向前观察。

后部:枕骨大孔周围有 4 块骨片(成体这 4 块骨片多愈合为 1 块枕骨),上方是 1 块上枕骨,两侧为 1 对外枕骨,枕骨大孔腹面为基枕骨,两侧的外枕骨各有 1 个枕髁与寰椎相联结。

顶部:自后向前分别由鼻骨、额骨、顶骨和间顶骨组成。鼻骨 1 对,长板状,构成鼻腔顶壁。额骨 1 对,长方形,位于鼻骨后方。额骨在眼眶上方隆起向前后端突出,构成眼眶上缘,分别称眶前突和眶后突。顶骨呈长方形,位于额骨后方,构成颅腔顶壁的主要部分。间顶骨三角形,在两顶骨后端中央,为哺乳动物特有。

底部:自后向前依次为基枕骨、基蝶骨、前蝶骨、腭骨、颌骨和前颌骨。基蝶骨三角形,位于基枕骨的前方。腹面正中有一圆孔,为海绵孔,此孔背面是垂体窝,为脑下垂体所在之处。前蝶骨细长,位于基蝶骨的前腹面中央。腭骨位于前蝶骨的两侧,其前方与颌骨相接。

侧部:外枕骨前方可见一块大型的骨片,称颞骨。颞骨向前生有颧突,与颧骨相联结。

前部:由上下颌骨和前颌骨组成。前颌骨位于头骨最前端,前端具有两对门齿的齿槽。前颌骨向后上方延伸一长突,嵌在鼻骨与上颌骨之间,为鼻突。上颌骨构成头骨的前侧面,具有前臼齿喝臼齿齿槽;下颌骨由 1 对齿骨组成,每个齿骨具有一个门齿齿槽及前臼齿和臼齿齿槽。齿骨与脑颅的连接方式为直接式。

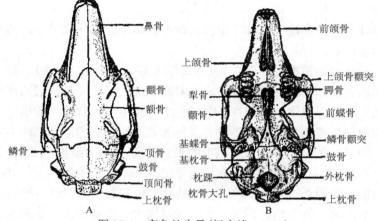

图 27-1　家兔的头骨(杨安峰，1992)

A. 背面观；B. 腹面观

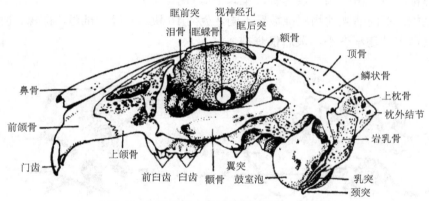

图 27-2　兔头骨左侧面观(杨安峰，1992)

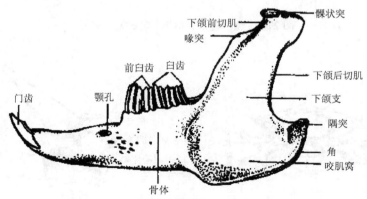

图 27-3　兔下颌骨外侧面观(杨安峰，1992)

(2)脊柱

家兔脊柱分化为颈椎、胸椎、腰椎、荐椎和尾椎。椎体双平型，两椎体间由软骨的椎间盘相隔。

颈椎：哺乳动物颈椎大都是 7 块(除海牛 6 块，树懒 6~10 块)。第 1 和第 2 枚颈椎分别称寰椎和枢椎。寰椎前端是 1 对凹状的关节面，与成对的枕髁形成关节。寰椎呈环状，无椎体，两侧有横突(图 27-4)。枢椎具长而大的椎弓，上有棘突。棘突向前伸在寰椎之上(图 27-4)。其他 5 枚颈椎彼此相似(图 27-5)。

胸椎：10~13 块，兔为 12 枚。胸椎的椎棘较高，向后延伸(图 27-5)。胸椎两侧有肋骨，共 12 对，前 7 对是真肋，与胸骨相接，后 5 对为假肋，不与胸骨相接。注意后 5 对肋骨的附着方式。真肋又分椎肋(硬骨)和胸肋(软骨)两段。

腰椎：4~7 块，兔 7 块，椎体长大，棘突宽大并指向前方，横突长，指向外侧前方，无肋骨(图 27-6)。

荐椎：成体愈合为一块荐骨，椎棘低矮(图 27-7)。

尾椎：不同哺乳动物尾椎数目不同，兔为 16 块。尾椎的椎弓、椎棘、横突和关节突向末端逐渐变小，最后仅剩椎体。

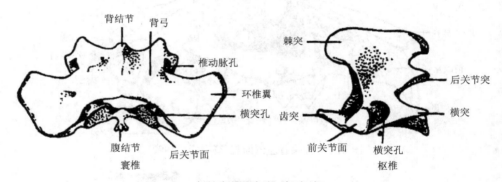

图 27-4　兔的寰椎和枢椎(杨安峰，1992)

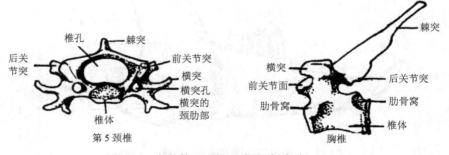

图 27-5　兔的第 5 颈椎和胸椎(杨安峰，1992)

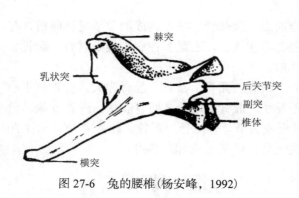

图 27-6　兔的腰椎(杨安峰，1992)　　　图 27-7　兔的荐椎(杨安峰，1992)

(3) 胸廓

胸廓由胸椎、肋骨和胸骨组成。胸骨是一分节的长骨棒，位于腹腔壁中央。最前端为胸骨柄，最后一节为剑突，中间各节称胸骨体。胸骨两侧与胸肋相连接。

2. 附肢骨骼

(1) 肩带和前肢骨

肩带：由肩胛骨和锁骨愈合而成。肩胛骨呈扁平三角形，其前端的凹窝即为肩臼，与前肢的肱骨相联结。肩臼的上方可见一小而弯的突起，称乌喙突，相当于低等种类乌喙骨的退化痕迹。锁骨退化成 1 个小薄骨片(图 27-8)。

前肢骨：包括肱骨、桡骨、尺骨、腕骨、掌骨及指骨。肱骨内外侧各有一隆起，内为小结节，外为大结节。桡骨较尺骨短。腕骨 9 块，掌骨 5 块，各接一指。拇指有 2 枚指骨，其余各指有 3 枚指骨。指端具爪(图 27-9)。

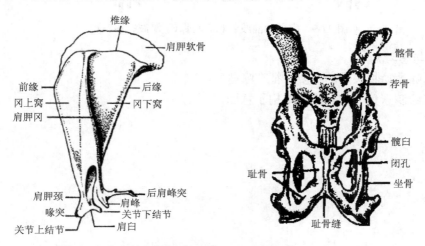

图 27-8　家兔的肩胛骨(杨安峰，1992)和腰带(丁汉波，1983)

(2)腰带和后肢骨

腰带由髂骨、坐骨和耻骨愈合而成，称髋骨。三骨构成的关节窝称髋臼，与后肢的股骨相联结。髂骨与脊柱的荐骨相连。左右耻骨在腹中线处联合。耻骨、坐骨及髂骨构成封闭式骨盘(图 27-8)。

后肢骨：由股骨、胫骨、腓骨、跗骨、跖骨、趾骨。股骨强大，胫骨位于小腿内侧，比腓骨强大很多，腓骨不发达。股骨和胫骨之间有髌骨。跗骨 6 块，分3 列，近列内侧骨为距骨，与跗骨形成关节，外侧骨为跟骨。跖骨 4 块，第 1 跖骨和第 1 趾退化，每一趾各具 3 块趾骨，趾端具爪(图 27-9)。

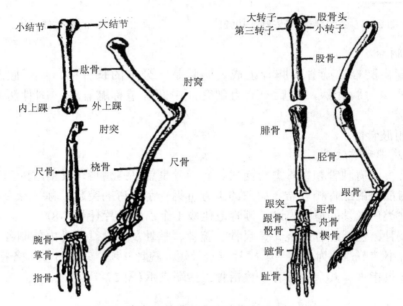

图 27-9　家兔的前肢骨和后肢骨(丁汉波，1983)

【作业与思考】
1. 哺乳动物头骨的主要特征有哪些？
2. 绘制家兔一枚胸椎的结构示意图。

实验 28 家兔的外形及内部解剖

【目的与要求】

1. 通过代表动物家兔外形和内部结构的观察，了解哺乳动物的基本特征和特有结构；

2. 掌握哺乳动物较其他低等动物进步的特征；

3. 掌握哺乳动物一般解剖方法。

【实验材料】

活的家兔

【用具与药品】

木制兔笼、解剖盘、解剖刀、剪刀、骨剪、镊子、烧杯、20ml 注射器、针头、吸水纸、干棉球，乙醇。

【操作与观察】

1. 外形

家兔身体分为头、颈、躯干、尾和四肢。

1)头部：家兔头略呈长圆形，分前、后两部，眼以前为颜面部，眼以后为脑颅部。眼具上下眼睑和退化的瞬膜，可用镊子从前眼角将瞬膜拉出，瞬膜展开仅能遮盖眼球的1/3。白兔眼中血管内血色透露，故看起来眼睛是红色的。眼后为外耳郭。鼻孔 1 对，鼻下为口，口具肌肉质的上、下唇，上唇中央有明显的纵裂，将上唇分为左右两半。口边有长的触须(触毛)。

2)颈：颈部明显。

3)躯干：躯干长而微曲成弓形。以最后 1 枚肋骨及胸骨剑突软骨为界可将躯干分为胸部和腹部。家兔背面有明显的腰弯曲，雌兔腹面有 3~6 对乳头。近尾根处靠前为泄殖孔，靠后为肛门。雌兔泄殖孔称阴门，雄兔泄殖孔位于阴茎顶端。生殖季节成年雄兔的睾丸(精巢)由腹腔坠入肛门两侧的阴囊中。

4)尾：短小，位于躯干末端。

5)四肢：位于躯干部腹面，前肢的肘部向后弯曲，5 指；后肢膝部向前弯曲，5 趾，其中 1 趾退化，指(趾)端具爪。

2. 内部结构

(1)处死

一般采用空气栓塞法处死家兔。将兔置笼内固定，兔头伸出笼外。用左手食指和中指夹住耳缘静脉近心端，回心受阻使静脉膨胀起来，用酒精棉球消毒，并轻拍使血管扩张。右手持充满 20ml 左右的注射器从静脉的远心端平行刺入静脉，徐徐注入空气。若针头在静脉内，可见血管由暗红变白；如注射阻力大或局部组织肿胀，表明针头未刺入静脉，应重新刺入。注射完毕后，家兔瞳孔放大，全身松弛，即可判断其死亡。

　　将处死的家兔腹部向上放在解剖台上，四肢向左右分开，并用绳固定。用湿的棉球将体中线的毛湿润，用手将毛左右分开，露出皮肤。左手持镊子提起皮肤，右手持手术剪沿腹中线自泄殖孔前至下颌底将皮肤剪开，至颈部向左右横剪至耳郭基部，沿四肢内侧中央剪至腕和踝部。然后沿腹中线剪开腹壁，沿胸骨两侧各1.5cm 处用骨钳剪断肋骨。左手用镊子提起胸骨，右手用镊子分离胸骨内侧的结缔组织，然后剪去胸骨。此时可见家兔横膈膜将其胸腹腔分为胸腔和腹腔，分别观察胸腔和腹腔各器官的正常位置。剪开横膈膜的边缘和第 1 肋骨至下颌联合的肌肉，暴露颈部及胸腹腔内的全部内脏器官(图 28-1)。

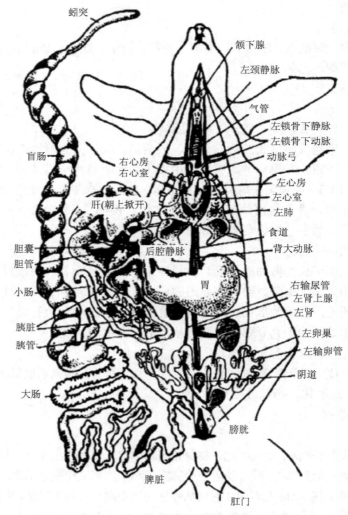

图 28-1　兔的口腔顶部(杨安峰，1992)

（2）内部结构观察

1）消化系统：包括消化管和消化腺。

① 消化管。

口腔：用剪刀沿口角两侧将口腔的侧壁肌肉剪开，再用骨剪剪开下颌骨与头骨的关节，将口腔揭开。口腔两侧为颊。顶壁前部是粗糙的硬腭，向后延伸成为软腭。口腔底部是发达的肌肉质舌，其上有许多乳头状突起，即味蕾。家兔只有门齿和臼齿。上颌有前后排列的 2 对门齿，故称重齿类（图 28-2）。前排门齿大，后排门齿小。前臼齿和臼齿具有磨面。齿式为 $2(2·0·3·3/1·0·2·3)=28$。

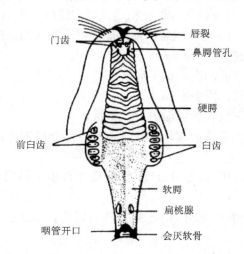

图 28-2　雌兔的内脏（姜乃澄和卢建平，2001）

咽部：消化和呼吸两通道的交叉点。咽背侧为食道开口，腹面为喉门开口。

食道：从咽后开始，位于气管背侧的一条直管，穿过横膈膜与胃相连。

胃：囊状，位于横膈后腹腔内，为消化道膨大处。以贲门与食道相连，以幽门与后面的十二指肠相连。胃凹缘称胃小弯，凸缘称胃大弯。

肠道：分小肠和大肠。小肠分化为十二指肠、空肠和回肠三部分。十二指肠呈"U"形弯曲，空肠和回肠在外观上无明显区别。大小肠交接处为发达的盲肠，其与兔的食性相关。大肠分为结肠（环结状）和直肠。直肠开口于肛门。

② 消化腺。

唾液腺：4 对，包括耳下腺、颌下腺、舌下腺和眶下腺。

耳下腺：位于耳壳基部的腹面前方，粉红色腺体，剥开该处的皮肤即可见。

颌下腺：位于下颌后部的腹面两侧，为 1 对硬实的卵圆形腺体。

舌下腺：位于左右颌下腺的上方，埋在肌肉下，细长条形的淡黄色腺体。

眶下腺：位于眼眶底部，粉红色。

肝脏：为体内最大的腺体，位于腹腔前部，红褐色，覆盖于胃。肝分 6 叶，即左外叶、左中叶、右中叶、右外叶、方形叶和尾叶(掀起肝，在肝与胃之间可看到小的尾叶)。胆囊位于右中叶背侧，长形，可储藏胆汁，本身无分泌功能。胆囊以胆管通入十二指肠距幽门约 1cm 处。

胰腺：位于十二指肠间的肠系膜上，呈散漫树枝状，淡黄色，以一胰管开口于十二指肠后端约 1/3 处。

另外，沿胃大弯左侧有一狭长形暗红褐色淋巴器官，即脾脏。

2) 呼吸系统：包括呼吸道和肺两部分。

① 鼻腔：借助一对外鼻孔与外界相通，后端经内鼻孔与咽腔相通。

② 喉头：位于咽的后方，气管的前端。将附于喉头的肌肉除去，即可见喉头由不同形状的软骨组成。

甲状软骨：位于喉的腹面，呈半环状。

环状软骨：呈环状，围绕喉部。

勺状软骨：位于甲状软骨背面内侧，棒状。

会厌软骨：位于喉的最前端，匙状。吞咽时，会厌软骨盖住喉门，可防止食物进入气管。

③ 气管及支气管：喉头之后为气管，管壁由许多半环状软骨构成。气管分为左、右支气管入肺。

④ 肺：位于胸腔内心脏两侧，一对海绵状器官，粉红色。胸腔后面以横膈为界与腹腔分开。

3) 泄殖系统。

① 排泄器官：肾脏一对，呈卵圆形，表面光滑，色暗红而质脆，位于腰部脊柱两侧。左右肾脏一前一后排列(左肾靠后，右肾靠前)。肾脏前端内缘有一黄色圆形的肾上腺。肾脏内侧有输尿管通入膀胱。膀胱经尿道开口于体外。雌性尿道开口于阴道前庭，雄性尿道兼作输精用。取一肾纵切，外周色深部分为皮质部，内部辐射状纹理部分为髓质部。肾中央空腔为肾盂，输尿管此经肾门通出。

② 雄性生殖系统(图 28-3)。

睾丸(精巢)：一对，白色卵圆形。繁殖季节下降至阴囊，非繁殖季节则缩入腹腔内。

附睾：为睾丸背侧一带状隆起。

输精管：为附睾伸出的白色细管。

③ 雌性生殖系统(图 28-3)。

卵巢：一对，位于肾脏后方，椭圆形，淡红色，其表面有颗粒状突起。

输卵管：一对，即卵巢外侧的细长的管子。前端膨大为喇叭口开口于腹腔，朝向卵巢，后端膨大为子宫。左右子宫分别开口于阴道，为双子宫。

阴道：子宫后方的一直管。

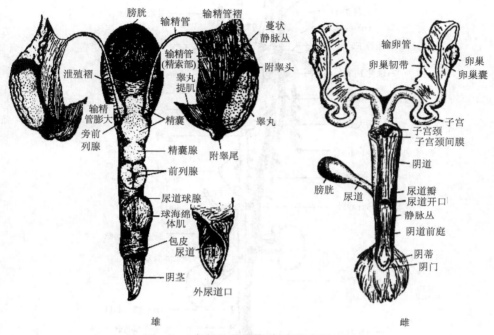

雄　　　　　　　　　　　　　　　　　　　雌

图 28-3　兔的生殖系统(杨安峰，1992)

4) 循环系统：家兔循环系统主要包括心脏、动脉系统和静脉系统等(图 28-4)。

① 心脏及与心脏相连的大血管。

心脏：位于胸腔中部偏左的围心腔中。卵圆形，包括两心房和两心室。心脏肌肉壁最厚的地方是心室，心室上面的两侧是心房。

待观察完动静脉系统后，将心脏周围的大血管剪断，取出心脏，用水洗净。沿右心房中线偏外侧处纵向剪开，即可看到右心房的腔，沿心房腔腹壁横向剪开右心房与右心室间的壁，纵向剪开右心室的腹壁。用同样的方法剖开左心房和左心室。在右心室可见三尖瓣，左心室可见二尖瓣。

与心脏相连的大血管包括以下几个类型。

体动脉弓：家兔只有左体动脉弓，即从左心室发出的粗大血管，发出后向前转向左侧再折向后方，形成弓形。

肺动脉：由右心房发出的大血管。清除大动脉基部的脂肪，可见肺动脉分为左右两支入左右肺。

肺静脉：左心房背侧，由肺的根部发出。

左右前大静脉、后大静脉：进入右心房的血管。

② 动脉系统：由肺动脉、左体动脉弓及其发出的分支动脉组成。

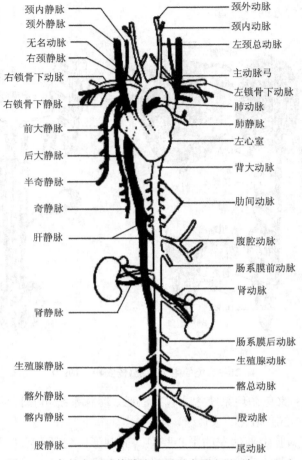

颈内静脉 —— 颈外动脉
颈外静脉 —— 颈内动脉
无名动脉 —— 左颈总动脉
右颈静脉 —— 主动脉弓
右锁骨下动脉 —— 左锁骨下动脉
右锁骨下静脉 —— 肺动脉
—— 肺静脉
前大静脉 —— 左心室
后大静脉 —— 背大动脉
半奇静脉 —— 肋间动脉
奇静脉 —— 腹腔动脉
肝静脉 —— 肠系膜前动脉
—— 肾动脉
肾静脉 —— 肠系膜后动脉
生殖腺静脉 —— 生殖腺动脉
髂外静脉 —— 髂总动脉
髂内静脉 —— 股动脉
股静脉 —— 尾动脉

图 28-4　兔的主要动静脉腹面观示意图(丁汉波，1983)

　　哺乳动物仅有左体动脉弓。用镊子将家兔的心脏拉向右侧，可见大动脉由左心室发出不久即分出三支大动脉，右侧的称无名动脉，中间的为左总颈动脉，左侧的为左锁骨下动脉。无名动脉又分出右锁骨下动脉和右总颈动脉。动脉弓稍向前伸即向左弯折走向后方，即为背大动脉，背大动脉沿途分出各分支动脉将血液送到身体各部。

　　③ 静脉系统：除肺静脉外，哺乳动物的静脉系统主要包括一对前大静脉和一条后大静脉，汇集全身的静脉血返回心房。

　　前大静脉：一对，位于第一肋骨的水平处，汇集锁骨下静脉和总颈静脉血液后行注入右心房。

　　后大静脉：收集内脏和后肢的血液回心脏，注入右心房。在注入处与左右前大静脉汇合，共同开口于右心房。

肝门静脉：将肝各叶转向前方，把肝、十二指肠韧带展开，使胃与肝远离，小心剥离。在该韧带内有一粗大血管即肝门静脉。肝门静脉收集内脏各器官，如胰、胃、十二指肠、小肠、结肠、直肠、大网膜等的血液进入肝脏。

5）神经系统：主要观察脑的各个部分。

嗅叶：一对，较小，位于大脑前端。

大脑：占全脑的大部分。两大脑之间有一纵裂。

间脑：上部被大脑半球覆盖，在大脑纵裂的后端可看到间脑发出的松果体(脑上腺)。腹面可见视交叉和脑垂体。

中脑：将大脑与小脑相接处轻轻分开，可见中脑，包含的 4 个丘状隆起即四叠体。

小脑：紧接大脑之后，即中间的小脑蚓部和两侧的小脑半球。

延脑：一部分为小脑掩盖。将小脑稍提起，即可见延脑背壁的后脉络丛。延脑之后为脊髓。脑的腹面由前向后共发出 12 对脑神经。

【作业与思考】

绘家兔内部解剖图，注明各主要器官的名称。

实验 29 哺乳纲的分类

【目的与要求】

1. 了解各目、重要科及常见种的鉴别特征；
2. 掌握分类术语和测量方法；
3. 能够识别当地常见的哺乳动物。

【实验材料】

各类群代表哺乳类的陈列标本和啮齿类臼齿标本。

【用具与药品】

卡尺、直尺、镊子、解剖盘、实体显微镜和放大镜。

【操作与观察】

1. 分类术语与测量方法

(1)外形分类术语与测量方法(图 29-1)

体长(body length)：吻端至肛门的长度。

尾长(tail length)：尾基至尾的尖端的长度。

耳长(auris length)：耳尖至耳着生处的长度。

后足长(metapede length)：后肢跗趾部连趾的全长。

胸围：前肢后面胸部的最大周长。

腰围：后肢前面腰部的最小周长。

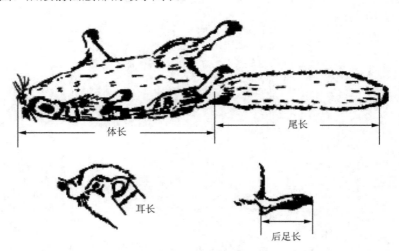

图 29-1 小型兽类外部测量(刘凌云和郑光美，1997)

(2)头骨的分类术语与测量方法(图 29-2)

颅全长(total length of skull)：头骨最大的长度，自头骨前端最突出点到后端

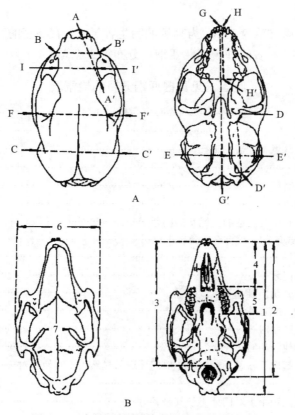

图 29-2　头骨测量(刘凌云和郑光美，1997)

A. 食肉目头骨测量。A-A′. 眶鼻间长；B-B′. 吻宽；C-C′. 后头宽；D-D′. 听泡长；E-E′. 听泡宽；F-F′. 额宽；G-G′.
基长；H-H′. 上齿列长；I-I′. 眶间宽

B. 兔形目头骨测量。1. 颅全长；2. 颅基长；3. 基长；4. 齿隙；5. 上齿列长；6. 颧宽；7. 眶间宽

最突出点的直线距离。

颅基长(length of basicraninlis)：从前颌骨前部最突出点到枕髁后缘的
长度。

基长(length of basal part)：枕骨大孔前缘至门牙前基部或颅底骨前端的
长度。

上齿隙长(length of upper diastema)：上颌犬齿虚位的最大距离。

上齿列长(length of upper denture)：从犬齿前缘到最后臼齿后缘的距离。如犬
齿缺，则从前臼齿前缘开始。

颧宽(malar width)：两颧外缘间的最大水平距离。

眶前宽(interorbital width)：两眶内缘间的最小距离。

听泡长(length of tympanic bulla)：听泡内最后缘至最前缘间的距离。

2. 分类检索

真兽亚纲又称有胎盘亚纲，为高等的胎生种类，具有真正的胎盘且体温恒定。现存哺乳类中 95%左右的种类属此亚纲，分布遍于全球。

我国常见真兽亚纲分目的检索表

1. 具后肢 ·· 2
   后肢缺 ·· 12
2. 前肢特别发达并具翼膜，适于飞行 ······································ 翼手目(Chiroptera)
   构造不适于飞行 ··· 3
3. 牙齿全缺，身被鳞甲 ·· 鳞甲目(Pholidota)
   有牙齿，体无鳞甲 ·· 4
4. 上下颌的前方各有 1 对发达的呈锄状的门牙 ································· 5
   门牙多于1 对，或只有 1 对而不呈锄状 ···································· 6
5. 上颌具 1 对门牙 ·· 啮齿目(Rodentia)
   上颌具前后两对门牙 ··· 兔形目(Lagomorpha)
6. 四肢末端指(趾)分明，趾端有爪或趾甲 ··························· 7
   四肢末端趾愈合，或有蹄 ·· 10
7. 前后足拇趾与他趾相对 ··· 灵长目(Primates)
   前后足拇趾不与他趾相对 ··· 8
8. 吻部尖长，向前超出下唇甚远，正中 1 对门牙通常显然大于其他各对 ·········
   ··· 食虫目(Insectivora)
   上下唇通常等长，正中 1 对门牙小于其余各对 ···················· 9
9. 体形呈纺锤状，适于游泳；四肢变为鳍状 ··············· 鳍足目(Pinnipedia)
   体形通常适于陆上奔走；四肢正常；趾分离，末端具爪 ······ 食肉目(Carnivora)
10. 体形特别巨大，鼻长而能弯曲 ···································· 长鼻目(Proboscidea)
    体形巨大或中等，鼻不延长也不能弯曲 ··························· 11
11. 四足仅第 3 或第 4 趾大而发达 ································ 奇蹄目(Perissodactyla)
    四足第 3、4 趾发达而等大 ·· 偶蹄目(Artiodactyla)
12. 同型齿或无齿，呼吸孔通常位于头顶，多数具背鳍；乳头腹位 ········ 鲸目(Cetacea)
    多为异型齿，呼吸孔在吻前端，无背鳍；乳头胸位 ·············· 海牛目(Sirenia)

啮齿目 Rodentia 分科检索表

1. 白齿列(Pm+m)等于或多于 4/4 ····································· 2
   白齿列少于 4/4 ··· 6
2. 白齿列一般 5/4，上颌第 1 前白齿甚小，身体较小或中等，眶下孔很小，尾毛蓬松 ······ 3
   白齿列 4/4，身体较大，眶下孔发达，尾毛不蓬松 ········ 4
3. 前后肢间有皮翼 ·· 鼯鼠科(Petauristidae)
   前后肢间无皮翼 ··· 松鼠科(Sciuridae)

4. 体被长硬刺···豪猪科 (Hystricidae)
   体无长硬刺··5
5. 尾大而扁平, 无毛而被鳞···河狸科 (Castoridae)
   尾甚退化···豚鼠科 (Caviidae)
6. 齿列 4/3···7
   臼齿列 3/3···8
7. 后肢较前肢长 2~2.5 倍, 后足具正常发达的五趾, 内趾较短, 尾端无长毛束, 栖于林地或草
   地···林跳鼠科 (Zapodidae)
   后肢较前肢长 4 倍, 后足的 2 个侧趾甚退化或不存在, 尾端常有长毛束, 多栖于漠地········
   ··跳鼠科 (Dipodidae)
8. 成体臼齿的咀嚼面呈条块状的孤立齿环, 眼与耳均退化, 尾短而无毛或仅有稀毛, 适于地下
   生活···竹鼠科 (Rhizomyidae)
   臼齿的咀嚼面不呈条块状的孤立齿环, 眼与耳正常, 尾长··9
9. 第 1 和第 2 上臼齿咀嚼面具 3 纵行齿尖, 每 3 并列齿尖又形成一横嵴··········鼠科 (Muridae)
   第 1 和第 2 上臼齿咀嚼面的齿尖不排成 3 纵列·······························仓鼠科 (Cricetidae)

鼠科部分属的检索表

1. 体型较大, 成体体长超过 150mm, 后足长超过 25mm, 颅全长超过 28mm ···家鼠属 (*Rattus*)
   体型较小, 成体体长不超过 150mm, 后足长不超过 30mm, 颅全长小 28mm···················2
2. 上门齿末端内侧有明显缺刻, 鳞骨后方有一长突起····································小鼠属 (*Mus*)
   上门齿末端内侧无缺刻, 鳞骨后方无长突起 ······························姬鼠属 (*Apodemus*)

家鼠属部分种的分类检索表

1. 体型粗壮, 尾长明显短于体长, 头骨之两颞嵴几近平行·······················褐家鼠 (*R. norvegicus*)
   体型纤细, 尾长接近或超过体长, 头骨两颞嵴呈弧形弯曲···2
2. 体腹面毛毛基白色···3
   体腹面毛毛基灰色···4
3. 体腹面毛纯白色··白腹鼠 (*R. coxingi*)
   体腹面黄白色, 浅黄色调明显···社鼠 (*R. niviventer*)
4. 尾长接近体长, 后足较宽大, 体腹面毛毛尖灰白色·······················大足鼠 (*R. nitidus*)
   尾长明显超过体长, 后足较小, 体腹面毛毛尖棕黄色·················黄胸鼠 (*R. flavipectus*)

鳍脚目科别的分类检索表

1. 上犬齿突出如象牙···海马科 (Odobenidae)
   上犬齿部突出如象牙···2
2. 具外耳壳, 后肢在陆地前进时向前··海狗科 (Otariidae)
   无外耳壳, 后肢永远向后···海豹科 (Phocidae)

奇蹄目科别分类检索表

前后肢有 3 蹄，额部有皮肤性的角 ···犀科(Rhinocerotidae)

前后肢仅第 3 蹄发达，第 2 和第 4 蹄退化，额部无皮肤性的角 ·····················马科(Eguidae)

3. 各目简要特征及重要物种简介

食虫目：小型兽类，为最原始的一目。体型较小，头骨细长，吻细尖，牙齿结构原始，有尖的齿尖，适于食虫。四肢短小，通常具 5 趾，有利爪。大多数具夜行性。

刺猬(*Erinaceus europaeus*)：身体及两侧披满硬棘，腹面有淡黄色绒毛。鼻尖、眼和耳壳均小，四肢短而粗壮，具爪。夜行性。分布于我国东北、华北及华东各地。

翼手目：本目是哺乳类中唯一能真正飞翔的一类。前肢特化为翼，适于飞翔，前肢第 1 指具爪，借以攀缘，后肢 5 趾均具钩爪，可倒挂。骨骼细轻，胸骨具胸骨突起；锁骨发达。夜出觅食。

蝙蝠(*Vespertilio superans*)：体小型，背毛灰褐色，腹毛浅棕色。耳宽短，眼小，吻短，前臂长 31~34mm。

灵长目：大多是在森林中营树栖生活。锁骨发达，多数种类拇指(趾)与其他指(趾)相对，手掌(跖部)具两行皮垫，利于攀缘，少数种类指(趾)端具爪，多数具指(趾)甲。大脑半球高度发达，两眼前视，视觉发达，嗅觉相对退化。

猕猴(*Macaca mulatta*)：中等体型，身体和四肢较细长，尾长超过后足长。颜面和耳呈肉色。毛色一般为灰棕色，背后半部为橙黄色。体色随年龄和产地的不同而有变化。由于其生理特点和人接近，因此是医学和生物学重要的实验动物。国家二级保护动物。

金丝猴(*Pygathrix roxellanae*)：体被金黄色长毛。头圆，耳壳短，吻部肿胀而突出，鼻孔向上仰，又称仰鼻猴。脸部蓝色，眼圈白色，尾长，无颊囊。背部灰棕色夹有柔软的金黄色长毛。为我国名贵特产种类，国家一级保护动物。

鳞甲目：体外被鳞甲，鳞片间杂有稀疏硬毛，头尖小，无牙齿，舌发达，前肢爪特别发达，用以挖掘蚁类洞穴。

穿山甲(*Manis pentadactyla*)：体背面被角质鳞片，鳞片间杂有硬毛。头尖长，口内无齿，舌细长，善于伸缩，用以取食蚁类。尾较长，尾基较粗。四肢粗壮，前肢较后肢长，趾端具爪，尤以前足第 3、第 4 趾特别粗长锐利，用于挖掘洞穴。国家二级保护动物。

兔形目：中小型草食兽类。上颌具 2 对前后着生的门牙，后 1 对较小，隐于前 1 对之后，故又称重齿类。耳长。上唇中部纵裂，尾短或无尾。

华南兔(*Lepus sinensis*)：体型较小的一种野兔。体毛粗短，耳长不及后足长，后肢长于前肢。体毛色深，为赭黄色，脊背部有不规则的黑褐色纵纹，腹毛纯白。对农作物的幼苗有一定的危害。

啮齿目：为哺乳纲中种类、数量最多的一个类群，全世界约有 1720 种，约占现存哺乳动物种类的 41%。繁殖力强，善适应环境，分布遍于全球。体中小型。上下颌皆有 1 对门牙，门牙大都无齿根，终生生长，无犬牙，门齿和白齿列之间有很宽的齿间隙，白齿咀嚼面宽，白齿常为 3/3，齿尖变化大，齿尖的排列形状是啮齿目分类的重要依据。

赤腹松鼠(*Callosciurus erythraeus*)：属松鼠科。后肢长于前肢，爪锐利而成钩状。背部及四肢外侧成橄榄黄色。胸腹部及四肢内侧均为栗红色。耳壳黄色，无簇毛。

岩松鼠(*Sciurotamias davidianus*)：尾毛蓬松，耳尖不具长的簇毛。身体背部和头部呈深褐色，仅眼眶四周有白圈。腹部灰黄色。

豪猪(*Hystrix hodgsoni*)：属豪猪科。体毛特华成硬的长棘刺，体前刺短，背后部的刺特别粗长。体棕褐色，额顶至颈背部中央有一条白色脊纹。后颈两侧向下至喉部有一半月形的白色横斑。尾短。

黑家鼠(*Rattus rattus*)：属鼠科。体色有两型，一为黑色型，另一为棕褐色型。耳长，向前折可达眼部中央。尾长大于体长。为我国南方重要的农田害鼠。

鼢鼠(*Myospalax fontanierii*)：属仓鼠科。地下掘穴生活，似鼹鼠，但体较粗大，吻钝，鼻面部呈铲状，充当挖掘洞穴的推土机。耳壳退化埋于毛内，眼小，尾短。

小家鼠(*Mus musculus*)：属鼠科。小型鼠类，毛色变化大，背毛由灰褐色至黑褐色。腹毛灰黄色。上门牙内侧有一直角形的缺刻。尾长略短于体长。

褐家鼠(*Rattus norvegicus*)：又名大家鼠，属鼠科。体型粗大，全身褐色或棕灰色，腹面灰白色。背脊间杂黑色的刺毛和长毛。白齿齿尖 3 列，每列 3 个。尾长显著短于体长。

中华竹鼠(*Rhizomys sinensis*)：属竹鼠科。体型粗壮。吻钝圆，眼小，耳隐于毛内。四肢粗壮，具发达的爪，尾短。背部和两侧毛棕灰色，腹部毛色略浅。尾棕灰色。

食肉目：猛食性兽类。门牙较小，犬牙特别强大锐利；上颌最后 1 枚前臼齿和下颌第 1 枚白齿齿尖如剪刀状交叉，特化为裂齿(食肉齿)；指(趾)端常具锐爪，利于撕捕食物；毛厚密，且多具色泽。大多为肉食性，但也有后来转为杂食(黑熊)或变为植物食性(大熊猫)。

大熊猫(*Ailuropoda melanoleuce*)：大熊猫科。全身毛色大都黑白相间，眼圈、耳壳、肩部和四肢呈黑色。头宽尾短。头骨颧骨宽大，白齿咀嚼面异常宽大，与食竹的习性相关。国家一级保护动物。

赤狐(*Vulpes vulpes*)：属犬科中体型较小者，外形似小家狗。体细长，吻尖长，耳大，四肢较短，尾长超过体长之半，尾毛蓬松，端部白色。

黑熊(*Selenarctos thibetanus*)：属熊科。全身黑色，仅胸部有"V"形的白斑。吻部短而尖，前肢腕垫大，与掌垫相连，尾极短。国家二级保护动物。

黄鼬(*Mustela sibirica*)：俗称黄鼠狼，属鼬科。体形细长，四肢短小，颈长，头小，尾长约体长之半，尾毛蓬松，肛腺发达。背毛为红棕色，腹面颜色较淡。

狗獾(*Meles meles*)：体型肥壮，吻尖，眼小，耳、颈、尾短。四肢短，爪长而弯曲，适合掘土。具黑褐色与白色相间的毛色。头部 3 条白色纵纹长而窄，中央白色纵纹超过耳根达颈背部。

果子狸(*Paguma larvata*)：又名花面狸。体型肥壮。背面灰黄色，腹面灰白色。头部从吻端经颜面中央至额顶有一条宽阔的白色纵纹，眼下和眼后各有一白斑，耳棕黑色，基部到颈侧有一条白纹。脸面部黑白相间。四足下部和尾端棕黑色。尾长约体长的 2/3。

豹猫(*Felis bengalensis*)：属猫科。体形大小似家猫，尾较粗；眼内侧有两条白色纵纹，自头顶至肩部有 4 条黑褐色纵条纹。通体棕黄色，具褐色或棕褐色的不规则斑点。

鳍脚目：体呈纺锤形，密被短毛；四肢特化成鳍状，5 趾间连以蹼，尾小夹于后肢间。无裂齿的分化。适应于水中生活。

斑海豹(*Phoca vitulina*)：体肥壮，呈纺锤形；头圆，眼大，吻短而宽，无外耳壳，口须长；四肢具蹼，蹼上被毛。成体背部苍灰色，杂有棕黑色斑点。国家二级保护动物。

鲸目：是哺乳动物中完全转变为水生的一支。体型似鱼，颈部不明显。毛退化，以厚的皮下脂肪代替。嘴边有感觉毛。前肢鱼鳍状，后肢缺失，有尾鳍，缺外耳壳。鼻孔 1 或 2 个。

江豚(*Neomeris phocaenoids*)：又名江猪。体呈纺锤形，全身近暗黑色，腹面呈灰黑色。头似圆形，额部前突，吻部短。鳍肢似镰刀状，无背鳍，尾鳍水平状。分布于长江、鄱阳湖、渤海、东海、南海一带。国家二级保护动物。

长鼻目：现存种类中体型最大的一个目。皮肤甚厚，毛稀少。四肢粗壮，前肢五指，后肢五趾(非洲象)或四趾(亚洲象)。鼻和上唇连在一起。

亚洲象(*Elephas maximus*)：仅雄性有长的象牙突出，鼻孔前部有一指状突起。我国仅在云南南部有分布，国家一级保护动物。

奇蹄目：食草性的大型有蹄动物。第 3 指(趾)特别发达，其余退化(犀牛)或完全消失(马)。指(趾)端具蹄。门牙上下颌均存在，适于切草，犬牙存在或退化，前白齿与白齿形状相似，咀嚼面宽阔，适于研磨草料。胃的构造简单，为单胃，盲肠大。

野马（*Equus przewalskii*）：家马的祖先，濒临灭绝。第 3 指（趾）特别发达，其余各趾完全退化。国家一级保护动物。

偶蹄目：第 3 和第 4 趾（指）特别发达，趾端有蹄，故称偶蹄类，第 2 和第 5 趾（指）很小，第一趾（指）退化。尾短；上门牙常退化或消失，有的犬牙形成獠牙，有的退化或消失，臼齿咀嚼面突起型很复杂，不同的科因食性不同而有变化。

野猪（*Sus scrofa*）：猪科。体长约 150cm，体重 150kg。体形与家猪相似，但头部明显较长；耳小而直立。背上鬃毛长而硬，毛色一般呈黑褐色。雄猪的犬齿发达呈獠牙。幼猪毛色浅黄褐色，背上有 6 条淡黄色纵纹。是家猪的祖先，广泛栖息在各种类型的山地林区。

獐（*Hydropotes inermis*）：小型鹿类，体长 90~100cm。雌雄均无角，雄体獠牙发达，由嘴角突出。尾极短，几被臀部的毛所遮盖。国家二级保护动物。

水鹿（*Cervus unicolor*）：属鹿科。体型粗壮，体长 190cm，体重 120~180kg。雄性具角，在主干远端分出第二枝。体色是灰棕褐色，尾毛长而蓬松，黑色。国家二级保护动物。

双峰驼（*Camelus bacirianus*）：鼻孔裂状，能开闭。第 3 和第 4 趾发达，其他退化。背上有两个瘤状肉峰，上下颌均有门齿和犬齿。国家一级保护动物。

【作业与思考】

1. 结合标本观察，总结真兽亚纲至少 8 个目的特征。
2. 根据现有标本编制真兽亚纲某一科或目的不同种类的分类检索表。

第2部分 综合性实验

实验 30 生态因子对贝类胚胎发育的影响

【目的与要求】

1. 了解贝类雌雄的鉴别方法及雌雄生殖细胞的形态特点；
2. 观察海洋贝类的胚胎发育过程；
3. 了解各种生态因子(温度、盐度、pH)对胚胎发育的影响；
4. 学习数据统计处理的基本方法。

【实验材料】

性腺成熟的西施舌[*Coelomactra antiquate* (Crassostrea)]或牡蛎。

【用具与药品】

显微镜，水质分析仪(pH 计、盐度计、温度计)，水浴锅，解剖刀，解剖针，吸管，载玻片，凹玻片，500 目筛绢，玻棒，烧杯，量程 1ml 的移液枪。海水，海水晶，1mol/L 盐酸，1mol/L 氢氧化钠。

【操作与观察】

1. 西施舌的人工授精

1)用 pH 计测定海水的酸碱度，盐度计测海水的盐度，温度计测水温。

2)用解剖刀割断西施舌闭壳肌。用解剖针将性腺部分划破，用吸管吸取少量性腺滴在有海水的载玻片上，如果性细胞立即散开则为卵子，若不易散开且呈烟雾状则为精子。

3)进一步在显微镜下鉴定生殖细胞的成熟程度。成熟卵大小均匀，多为圆形近圆形；成熟精子活动力强。

4)把成熟亲贝的卵巢组织和精巢组织分别用吸管吸出，置于装有海水的烧杯中。稍微沉淀后吸去底部大的组织块。

5)统计采卵量:用玻棒搅拌卵细胞的烧杯,使卵子分布均匀,用移液枪取 0.5ml 于凹玻片,在显微镜下计数卵细胞的数目。如此取样,计数 2 次,求每毫升卵的平均数,再根据总水体量求出卵细胞的总数。

6)把少量精液倒入装有卵细胞的烧杯中，用玻棒轻微搅拌。人工授精完成并开始计时。

2. 海蚌胚胎发育的观察

1)吸取一滴卵细胞于凹玻片，在显微镜下观察。

2)观察到卵子受精膜举起或者出现极体，就表示卵受精了，便可进行洗卵，以除去过多的精液。

3)让受精卵过 500 目的筛绢，用新鲜的海水冲洗受精卵。筛洗过的受精卵加入海水使其继续发育。

4)重新吸取一滴卵细胞于凹玻片，在显微镜下连续观察(图 30-1)。计算受精率并记录各期发育的时间，以 50%的出现率作为各期的标准。通过视野法求受精率，计算方法为：受精率=受精卵数/总卵数×100%。

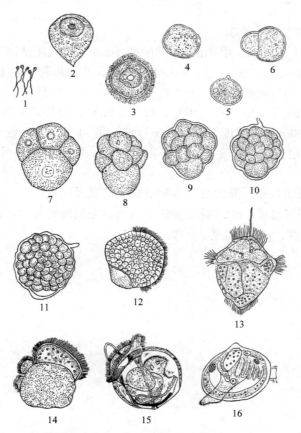

图 30-1　海蚌胚胎发育过程示意图(缪国荣和王承录，1990)

1. 精子；2. 未成熟的卵子；3. 成熟卵子；4. 受精卵；5. 极体出现；6. 第 1 次卵裂；7. 第 2 次卵裂；8. 第 3 次卵裂；9. 第 4 次卵裂；10. 第 5 次卵裂；11. 桑椹期；12. 担轮幼虫期；13. 后期担轮幼虫；14. 面盘幼虫；15. 面盘幼虫(壳顶期)；16. 稚贝

3. 盐度对胚胎发育的影响

1)配制不同盐度的海水：用去离子水或海水晶调节海水至所需盐度 S(‰)为 10、15、20、25、30、35、40。

2) 250ml 的烧杯装海水 200ml。各盐度组设两个平行杯，共 14 杯。

3) 把洗卵后的受精卵放入不同盐度的海水中，密度控制在 100 个/ml，每杯约 20 000 个卵细胞。根据统计的采卵量，计算出所需的体积量。

4) 每隔 1h 取样观察一次，记录各盐度组胚胎发育的情况。

5) 通过视野法求孵化率，计算方法为：孵化率=担轮幼虫数/受精卵数×100%。

6) 求各盐度组的平均孵化率，比较各盐度组孵化率的差异性。确定胚胎发育的适宜盐度和最适盐度。以孵化率达 30%的盐度为适宜盐度，孵化率达 70%的盐度为最适盐度。

4. pH 对胚胎发育的影响

配制不同 pH 的海水：用 1mol/L 盐酸或 1mol/L 氢氧化钠调节海水至所需酸碱度，包括：6.0、6.5、7.0、7.5、8.0、8.5、9.0。其他步骤同盐度的实验。

5. 温度对胚胎发育的影响

设定不同的温度，如 5℃、10℃、15℃、20℃、25℃、30℃、35℃。250ml 的烧杯装海水 200ml。各温度组设两个平行杯，共 14 杯。海水置于各温度中预温至所需温度。其他步骤同盐度的实验。

【作业与思考】

1. 记录并描述西施舌胚胎发育各期所需的时间及特征。

2. 比较在不同盐度、pH、温度条件下西施舌胚胎的孵化率，试确定西施舌胚胎发育的最适盐度、pH 和温度。

实验 31　淡水浮游动物系列实验

【目的与要求】

1. 通过本实验掌握浮游动物标本的一般采集、处理和保存方法，了解浮游动物各类群主要的形态学特征，识别一些常见的浮游动物种类；
2. 掌握单位水体内浮游动物个体数量和生物量的一般统计方法；
3. 学会运用群落物种多样性指数（H'）分析浮游生物的群落结构特征及种群分布特点。

【用具与药品】

浮游生物拖网（13#和25#）、有机玻璃浮游生物定量采水器（1L 或 1.5L）、鲁哥氏固定液、福尔马林固定液、显微镜、目镜测微尺、物镜测微尺、载玻片、盖玻片、浮游生物计数框（0.1ml 和 1ml）、定性和定量标本储装瓶、有刻度的滴管（可自制）。

实验 31-1　浮游动物标本的采集、处理、保存

1. 定性标本的采集

将 25#和 13#（前者用于采集原生动物、轮虫和无节幼体，后者用于采集枝角类和桡足类）浮游生物网放入水中，务必使 1/3 的网口位在水面以上，网在水中作倒"8"字形拖动。拖网时间为 2~3min，将网内的浮游生物水样装入定性标本瓶中，贴上标签。同时采集两份水样，一份现场加入 1%鲁哥氏固定液或 4%福尔马林固定液，另一份不加固定液，带回实验室做活体观察。

2. 定量标本的采集

将有机玻璃浮游生物定量采水器轻轻放入水中，沉至表层下 0.5m 处，约静置 2min 后将采水器升出水面，立即观察并记录水体温度。将采水器内的全部水样装入浮游生物定量瓶中，现场加入 1%鲁哥氏固定液或 4%福尔马林固定液，充分摇匀，贴上标签。

3. 定性、定量标本的处理和保存

将定性和定量水样带回实验室，在稳定的台面上静置 24~48h 后，取一根细管，运用虹吸法小心地吸去水样上层的清液，定性样品浓缩至 80~100ml，定量样品浓缩至 30ml，将水样装入小广口瓶中备用。需要特别注意的是：样品浓缩过程中，水样一端吸管的管口应始终保持在紧靠液面的下方，操作过程水样若受到扰动则应静置 24h 后重新浓缩。采用鲁哥氏液固定的水样如需要长期保存应加入 4%~5%福尔马林固定液。

实验 31-2　浮游动物数量、生物量及多样性指数的计算方法

1. 浮游动物数量(密度)计算

(1)原生动物、轮虫和桡足类无节幼体的计数

将浓缩后的水样(一般为 30~50ml)充分摇匀,快速从中吸取 0.1ml 或 1ml 样品注入相应的浮游生物玻璃计数框中,盖上盖玻片(不能有气泡),在显微镜下全片计数,每份水样计数 2 片,取其平均值,两次计数结果与平均数之差若大于±15%,则应计数第 3 片,取其平均值,最后换算成单位水体内的数量(个/L 或个/ m³)。

(2)枝角类和桡足类的计数

浓缩后水样中枝角类和桡足类个体的数量若较少(总数在几十个以内),可将浓缩后的样品在低倍镜下分数次全部计数。若水样中个体的数量很多,可按实际情况进行浓缩,并将浓缩后的水样充分摇匀,然后迅速从中吸出 1~5ml 样品,注入相应的计数框内,盖上盖玻片,在低倍镜下全片计数,连续计数 2 片,取其平均值,若 2 片计数值与平均值之间的误差大于±5%,则应计数第 3 片,取 3 片计数的平均值。

(3)单位水体浮游动物数量的换算公式

$$N=V_s n/VV_a$$

式中,N 表示 1L 水中浮游动物的个体数(个/L);V 表示原采样体积(L);V_s 表示浓缩后水样体积(ml);V_a 表示计数水样体积(ml);n 表示计数所获得的个体数。

2. 浮游动物体重(湿重)的计算

(1)体积计算法

原生动物、轮虫和早期无节幼体因个体很小,难以实际称重,测定这些动物体重的方法是将待测的动物体看成是一个近似的几何图形,按照相应的几何图形的求积公式,获得该动物的体积(图 31-1),并假定比重为 1,由此即可算出动物体的体重。具体的操作方法是:在显微镜下,通过校准后的目镜测微尺直接测量动物体的长度、宽度和厚度(图 31-1)。由于许多浮游动物的体表存在棘刺、刚毛等附属构造,这些构造占有一定的重量比例,实践中要计算这些附属物的重量存在一定难度(必要时可参考相关的专业书籍)。因此,用该计算方法获得的浮游动物体积和体重只是一个近似值。

(2)沉淀体积法

将待测的浮游生物水样装在有刻度的滴定管中,经 24~48h 沉淀后观察沉淀物的体积。同样假设浮游动物的比重为 1,由此即可算出浮游动物的总重量。需要说明的是,运用该方法获得的体积数是浮游物体的总体积,既包括了浮游动物和浮游植物的体积,也包含有其他非浮游生物物体的体积。因此,当水体中大型浮游动物占优势时,使用该方法估算出来的浮游动物生物量的误差相对较小,否则,误差较大。

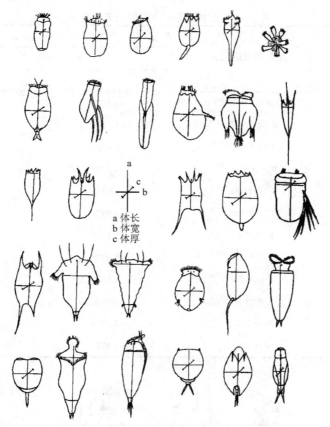

图 31-1　不同形态轮虫体积测量方法示意图(章宗涉和黄祥飞，1991)

（3）称重法

将待测的动物体直接分离出来，在微量天平上直接称重。该方法所获得的浮游动物的体重较为精确，运用在枝角类和桡足类成体体重的计算中效果较好。但是，由于大多数浮游动物个体微小，分离它们在技术上存在很大的难度。同时，待测的动物在称重前需要吸干动物体内的水分，对于不同浮游动物而言，体重只是个近似值(图 31-1)，其体内水分含量的多少差异很大，如何控制吸水程度在实践中仍存在问题，这些因素都影响到浮游动物生物量统计结果的精确性。

（4）体长-体重回归方程法

枝角类和桡足类的平均体重可以通过体长与湿重的指数方程或回归方程来计算。具体方法是：在解剖镜或显微镜下测量动物的体长，将测量获得的体长代入公式 $\log W = b\log L + a$ （W 为体重；L 为体长；b 和 a 为系数）(表 31-1)。测量过程枝角类的体长指从头部顶端(不含头盔)至壳刺基部的长度；桡足类的体长指从头部顶端至尾叉末端的长度(图 31-2)。

表 31-1　淡水常见枝角类体长与湿重关系

种类	体长-湿重指数方程	$\log W = b\log L + a$ 湿重	
		a	b
透明溞	$W=0.046L^{3.044}$	−1.3329	3.0440
隆腺溞	$W=0.0737L^{3.2430}$	−1.1326	3.2430
蚤状溞	$W=0.1381L^{2.3288}$	−0.8599	2.3288
大型溞	$W=0.0813L^{2.8032}$	−1.0897	2.8032
溞属	$W=0.0748L^{2.8501}$	−1.1261	2.8501
近亲裸腹溞	$W=0.0818L^{2.3578}$	−1.0871	2.3578
微型裸腹溞	$W=0.0792L^{2.3804}$	−1.1015	2.3804
多刺裸腹溞	$W=0.0877L^{2.4034}$	−1.0572	2.4034
裸腹溞属	$W=0.0154L^{2.3814}$	−1.0813	2.3814
长额象鼻溞	$W=0.1845L^{2.6723}$	−0.7339	2.6723
透明薄皮溞	$W=0.0189L^{2.366}$	−1.7234	2.3660
秀体溞	$W=0.042L^{1.730}$	−1.3771	1.7300

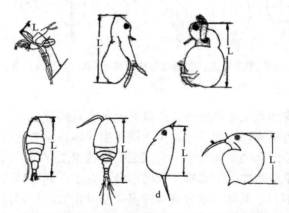

图 31-2　枝角类和桡足类体长测量示意图（章宗涉和黄祥飞，1991）

3. 浮游动物物种多样性指数的计算

动物群落的物种多样性是衡量群落种类结构的重要指标，它包含群落中物种种类数和各物种个体数及其分布格局两层意义。通常，群落中物种数越多，各物种个体数的分布越均匀，则群落的多样性也越高；反之，群落中物种数越少，各物种间的分布越不均匀，则群落的多样性也越低。多样性指数的高低与浮游动物的群落结构及其环境状态关系密切，通过对不同水体中浮游动物动物种类组成和群落多样性的比较，可以了解不同水体浮游动物群落的稳定性，以及种群结构和功能的差异，同时还可以借此了解水环境的质量状况。最为常用的物种多样性指数是 Shannon-Wiener 多样性指数，即

$$H' = -\sum_{i=1}^{S} P_i \log_2 P_i$$

其中，H' 表示多样性指数；P_i 表示第 i 种个体数与总个体数之比值；S 表示种类数。

实验 31-3　淡水浮游动物各类群介绍

浮游动物并非分类学名词，它是所有形体微小、运动能力弱、在水体中随波逐流的微型动物的统称。淡水浮游动物主要包括原生动物、轮虫、枝角类和桡足类四大类群。

1. 原生动物

原生动物身体由单细胞组成，具群体类型。体长为 10~300μm，运动胞器包括伪足、鞭毛和纤毛等，也有固着和寄生类型。身体裸露或具有外壳(图 31-9)。

1)鞭毛类：身体裸露或具鞘壳。体内有或无光合色素体，运动器官为鞭毛。代表种类包括：波豆虫、四鞭虫、袋鞭虫、领鞭虫、尾滴虫等。

2)肉足类：细胞裸露或体外具砂砾、钙质或几丁质外壳，运动器官为临时形成的伪足，伪足具叶状、丝状、网状和轴状等多种类型。代表种类包括：大变形虫、叉口砂壳虫、针棘匣壳虫、普通表壳虫、有棘鳞壳虫、叉棘刺胞虫等。

3)纤毛类：具生殖核(小核)和营养核(大核)两种细胞核。运动器官为纤毛(吸管虫成体除外)，具复杂的膜下纤维系统。代表种类包括：尾草履虫、阔口游仆虫、多态喇叭虫、大弹跳虫、旋回侠盗虫、小钟虫、褶累枝虫、螅状单缩虫、车轮虫等。

2. 轮虫

轮虫的体长一般为 100~500μm，属于雌雄异体、异型动物，两性大小悬殊，雄体明显比雌体小，构造简单，亦无消化系统。水体中见到的通常为雌体，雄体罕见(图 31-3、图 31-10)。

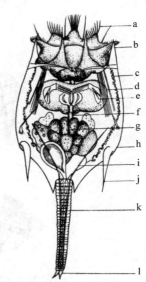

图 31-3　轮虫雌体结构模式图(章宗涉和黄祥飞，1991)

a. 头冠纤毛；b. 前棘刺；c. 原肾管；d. 肌肉；e. 咀嚼器；f. 食道；g. 胃；h. 被甲；i. 伸缩泡；j. 后棘刺；k. 足；l. 趾

（1）外部形态

1）头部：头部与躯干部无明显界限，具头冠，头冠可分为旋轮虫式、须足轮虫式、猪吻轮虫式、晶囊轮虫式、六腕轮虫式、聚花轮虫式和胶鞋轮虫式等 7 种类型。

2）躯干部：躯干部位于头部之后，占据身体的大部分，其外通常为一层表皮所包被，不少种类表皮高度特化形成被甲，有些被甲上还有各种纹饰和棘突。无被甲的种类的躯干部常有刚毛状运动附肢。

3）足部：多数种类在身体的后端有足，有些种类尾部发达且灵活，其上还有环状假节。足的末端通常有可动的趾（亦有无趾类型），足内有足腺，开口于趾端。足用于附着、爬行和充当"舵"的作用。

（2）内部构造

1）消化系统：包括消化管和消化腺两部分，消化管由口、咽、咀嚼囊、食道、胃、肠、泄殖腔、泄殖孔组成；消化腺由唾液腺和胃腺组成。轮虫咀嚼囊的肌肉发达，囊中有一个由 7 块几丁质板组成的咀嚼器，其构造十分复杂，大致可分为槌型、杖型、钳形、砧型、梳型、槌枝型、枝型和钩型等 8 种类型（图 31-4），咀嚼器用于磨碎食物。

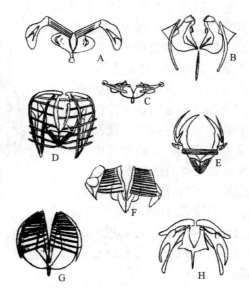

图 31-4　轮虫咀嚼器类型（章宗涉和黄祥飞，1991）
A. 槌型；B. 杖型；C. 钩型；D. 钳型；E. 砧型；F. 槌枝型；G. 枝型；H. 梳型

2）排泄系统：主要包括原肾管、焰细胞、膀胱、泄殖腔等 4 个部分，原肾管和焰细胞主要分布在身体两侧。

3）神经系统和感觉器官：神经系统由一个脑神经节、两条腹神经和一些小神经节组成；感觉器官包括眼点和触手，眼点位在脑神经节的上方，常含有红色素，有些种类眼缺如。具背触手和侧触手，前者位于躯干部的最前端，后者位于躯干部后面两侧。触手呈乳头状或短棒状，其末端具感觉毛。

4) 生殖系统。

① 雄性：由精巢(单个)、输精管、阴茎和泄殖腔组成。

② 雌性：由卵巢(单个或一对)、输卵管、卵黄腺和泄殖腔组成。

(3) 生殖方式与生活史

1) 孤雌生殖：非混交雌体成熟产生非需精卵(夏卵)，直接发育成雌性轮虫。

2) 两性生殖：混交雌体成熟产生需精卵(冬卵)，需精卵受精形成厚壁休眠卵，环境适宜时发育成雌性轮虫。需精卵若不受精即发育成雄轮虫。

3) 世代交替：环境适宜时非混交雌性轮虫连续多代营孤雌生殖，环境恶化时出现混交雌性轮虫，产生需精卵和雄轮虫，通过有性生殖产生受精的休眠卵，环境适宜时休眠卵发育成非混交雌性轮虫，这一过程往复循环(图 31-5)。

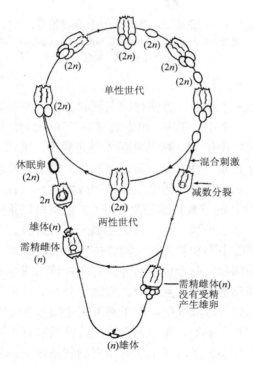

图 31-5 单巢目轮虫生活史模式图(仿 Koste，1978)

3. 枝角类

枝角类通称溞，俗称红虫，体长一般为 0.20~3.0mm，体制为左右侧扁，分节不明显。具复眼和单眼，第 2 触角很发达，呈杈状分枝，身体末端有一对发达的尾爪(图 31-6、图 31-11)。

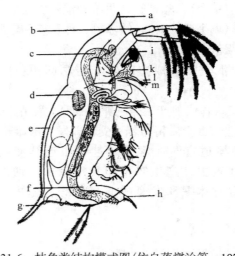

图 31-6　枝角类结构模式图(仿自蒋燮治等，1979)

a. 头盔；b. 第 2 触角；c. 肠管；d. 心脏；e. 孵育囊；f. 后腹部；g. 壳刺；h. 尾爪；I. 复眼；k. 单眼；l. 吻；m. 第 1 触角

(1)外部形态

1)头部：侧面观呈半圆形，有些种类在额的下方延伸形成喙状吻。头部前端有一个较大的复眼和一个小的单眼，单眼通常靠近第一触角的基部。第 1 触角(小触角)一对，位在吻的两侧，雌、雄两性第 1 触角异型，雄体第 1 触角较大，末端有一根长触毛；第 2 触角(大触角)一对，双肢型，略呈树枝状分叉，其上长有许多游泳刚毛，不同科、属的枝角类的刚毛数量和排列各异，通常用刚毛式来表示(外肢的节数、刚毛数/内肢的节数和刚毛数)，第 2 触角是枝角类主要的运动器官。头部还有大颚一个、第 1 小颚一对、第 2 小颚一对(退化)、上唇和下唇各一片。大颚、第 1 小颚、第 2 小颚和唇片共同构成枝角类的口器。

2)躯干部：由胸部和腹部合成，其外面有两片透明或半透明的壳瓣，壳瓣光滑或有花纹，左右壳瓣的背缘相互愈合，腹缘完全开放，沿缘常有刚毛或刺突，有些种类壳瓣的后端延伸形成壳刺，躯干部可完全缩入两壳瓣中。胸部有 4~6 对扁平状附肢，附肢上长有刚毛。腹部无附肢，其背缘常有 1~4 个指状突起，称为腹突。在腹突之后有一小突起，其上生有一对羽状尾刚毛。从着生尾刚毛的小突起到腹部的末端称为后腹部，其背缘常列生有刺突或刚毛。绝大多数枝角类后腹部的末端都生有一对弯曲的尾爪，尾爪的凹面常有棘刺，有些种类在尾爪的基部还生有爪刺。在靠近尾爪基部的后腹部背缘或左右两侧着生有单独的或成簇排列的肛刺。枝角类后腹部的形态和结构多种多样，具有重要的分类学意义。

3) 季节变异现象：指不同地区的同种枝角类个体由于外界因子，如水温的季节性变动而发生形态上的周期性变化现象。例如，僧帽溞在冬季时头部较小而钝圆，在夏季时头顶壳瓣明显伸长，形成头盔。又如，冬季时简弧象鼻溞壳瓣背缘较低矮，第 1 触角也较短，夏季时壳瓣背缘明显隆高，第 1 触角明显伸长。

(2) 内部构造

1) 消化系统：包括口、食道、中肠、直肠、肛门等，绝大多数枝角类的肛门开口在后腹部的背缘。

2) 神经系统和视觉器官

① 神经系统：包括中枢神经和外周族神经。中枢神经主要有视神经节、脑、围食道神经、食道神经节、腹神经索(具 7 对个神经节)等；外周神经主要有触角神经、上唇神经、大颚神经、小颚神经和胸肢神经等。

② 视觉器官：包括单眼和复眼各一个，前者为色素点，只有光感作用。后者呈球形，内有晶体，具光感和辨别光源方位作用，有些种类还具有成像和色觉功能。

3) 循环系统：心脏一个，位于头部后方背侧，无血管，血液循环途径为：心脏→动脉孔→头部→全身各部分→围心窦→静脉孔→心脏。有些种类的血液中含有血红素，其数量与水体的溶解氧含量有关。

4) 排泄系统：颚腺(壳腺)是主要的排泄器官，位在躯干部的前端。

5) 生殖系统：由生殖腺和生殖通道两部分组成。

① 雌性：包括卵巢、输卵管、生殖孔和孵育囊。卵巢一对位于躯干部消化道的两侧；输卵管一对，很短，横向行走，末端有生殖孔，开口于后腹部近背面的两侧，并与孵育囊相通；孵育囊是一个由壳瓣围成的空腔，位于躯干部的后背方，供夏卵在其中孵化。

② 雄性：包括精巢、输精管和交接器。精巢一对，多呈腊肠形，位于消化道的左右两侧；输精管一对，肉质化，末端有生殖孔，开口在肛门或尾爪附近。少数具交接器(阴茎)的种类，生殖孔开口在阴茎突的末端。

(3) 生殖方式与生活史

在环境适宜、饵料丰富时，雌体产生非需精卵(夏卵)，在孵育囊内直接发育成幼体，离开母体后独立生活。当环境条件恶化、饵料匮乏时，单性生殖雌体所产的卵(夏卵)中的一部分发育成雄体，其他的则发育成两性生殖雌体。雌雄两性交配、受精后产出的厚壳休眠卵(冬卵)，在水底度过不良环境，待到环境适宜时，休眠卵又发育形成单性(孤雌生殖)雌体，这一过程循环往复(图 31-7)。

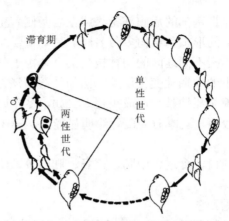

图 31-7　枝角类生活史模式图(章宗涉和黄祥飞，1991)

4. 桡足类

桡足类属于小型低等甲壳动物，雌雄异体，体长一般为 0.3~3.0mm，身体窄长形，分节明显，一般由 11 节组成，体分头胸部、胸部和腹部三个部分，第一触角发达，胸部通常有 5 对附肢(图 31-8、图 31-12)。

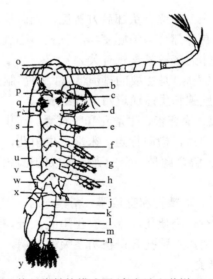

图 31-8　桡足类结构模式图(章宗涉和黄祥飞，1991)

a. 第 1 触角；b. 第 2 触角；c. 第 1 小颚；d. 颚足；e~i. 第 1~第 5 胸足；j~m. 第 2~第 5 腹节；n. 尾叉；o. 额角；p. 大颚；q. 第 2 小颚；r. 头节；s~w. 第 1~第 5 胸节；x. 生殖节；y. 尾刚毛

(1)外部形态

1)头(胸)部：又称头节，由 6 个体节愈合而成，腹面有 6 对附肢，分别是：第 1 触角、第 2 触角、大颚、第 1 小颚、第 2 小颚和颚足，其中，后 4 对附肢共同构成口器。第 1 触角单肢型，发达，雌雄异型。雌性第 1 触角节数相同，左右对称，雄性成体的左触角与雌性同，右触角节数减少，并特化成执握肢，其中第 13~第 18 节膨大，在第 18~第 19 节之间具一膝状活动关节，执握肢的构造为种类鉴别的特征之一。

2）胸部：由 5 个体节组成，每节的腹面均有 1 对游泳足，第 1~第 4 胸足均为双肢型，左右对称，雌、雄的构造基本相同。第 5 胸足的构造变化很大，左右常不对称，雌、雄体的构造各异，具有十分重要的分类学意义。

3）腹部：由 2~5 个体节组成，雄性腹部的节数多于雌性。腹部通常没有附肢，其末节又称肛节，肛节之后分成二叉，称为尾叉，其上长有羽状尾毛。

（2）内部构造

1）消化系统：包括口、食道、胃、肠和肛门。口位于头部的腹面，胃很大，有些种类具胃盲囊，肛门开口在腹部末节两尾叉之间的背面。

2）排泄系统：包括颚腺和触角腺，始于胃附近，开口于第 2 小颚基部。淡水种类的颚腺退化或消失。

3）循环系统：桡足类的循环系统不发达，仅哲水蚤类具心脏和血管，位于胸部第 1~第 2 节之间，其他类群缺如。

4）神经系统和视觉器官：桡足类的神经系统不发达，在头部和胸部的腹面形成中枢神经。有些种类，如哲水蚤具脑、腹神经索和周围神经等。桡足类只有单眼，没有复眼。

5）生殖系统

① 雌性：包括卵巢、子宫、输卵管和生殖孔，有些类群还有纳精囊。卵巢一般为单个，位在胸部背方，生殖孔通常开口于腹部第 1 节(生殖节)的腹面或侧面。

② 雄性：包括精巢、输精管、储精囊、精夹囊、射精管和生殖孔。精巢一般为单个，位在胸部背方。开孔在第 1 腹节(生殖节)的腹侧面。

（3）生殖与发育

桡足类通常营两性生殖，受精卵孵化后经历 6 期无节幼体和 5~6 期桡足幼体的发育过程才能成熟。早期无节幼体呈卵圆形，背腹扁平，不分节，具 3 对附肢，身体的前端中央有一暗红色眼点；桡足幼体的身体明显拉长，具眼点，分节明显，头胸部、腹部和尾叉形成，腹面出现附肢，后期形态上与成体相似。

附录　浮游动物各类群分目、科检索表

一、淡水原生动物分目检索表

23. 体纤毛不融合成粗硬的触毛 ·· 24

　　体纤毛融合成粗硬的触毛，而且仅分布于腹 ·· 下毛目

24. 小膜口缘区发达，表膜未盔甲化 ··· 25

　　小膜口缘区退化成 8~9 条小膜，表膜盔甲化 ·· 齿口目

25. 体纤毛完全，虫体能高度伸缩 ·· 异毛目

　　体纤毛退化或缺乏，虫体不能高度伸缩 ··· 寡毛目

二、淡水轮虫分科检索表

1. 卵巢具一对卵黄腺，咀嚼器枝型，无侧触手。身体呈长圆筒形，体表具假节，能作套筒式伸
　　缩 ··· 2

　　卵巢只有一个卵黄腺，咀嚼器不呈枝型。通常有侧触手，身体不呈套筒式伸缩 ············· 3

2. 胃、肠填满了大块的合同细胞，其内无胃、肠空隙，食物在合同细胞内形成"小弹丸"。头
　　冠上的轮盘较小 ··· 宿轮科

　　胃、肠内具合同细胞，其内有胃、肠空隙，食物不在合同细胞内形成"小弹丸"。头冠上头
　　冠上的两个轮盘显著突出 ·· 旋轮科

3. 咀嚼器为梳型，体较细长，头部与躯干部之间具一凹颈，头冠两侧具"耳" ········· 柔轮科

　　咀嚼器非梳型 ··· 4

4. 咀嚼器为槌型或亚槌型 ·· 5

　　咀嚼器非槌型或亚槌型 ·· 6

5. 头冠纤毛发达，呈须足轮虫型，口呈漏斗状。许多种类被甲的前、后端或表面具刺突 ········
　　 ·· 臂尾轮科

　　头冠纤毛不发达，口不呈漏斗状。被甲通常呈卵圆形，由背甲和腹甲两片组成，两侧及后端
　　通过柔软的薄膜相连接，背腹扁平。有一个或一对发达的趾 ····························· 腔轮科

6. 咀嚼器为典型的砧型，头冠系晶囊轮虫式，体呈囊袋形、梨形或卵圆型，皮层薄，体透明，
　　多数种类无肠和肛门，有些种类为卵胎生 ··· 晶囊轮科

　　咀嚼器非砧型 ··· 7

7. 咀嚼器为钳形或杖型 ··· 8

　　咀嚼器为槌枝型或钩型 ·· 12

8. 咀嚼器为钳形，头冠系猪吻轮虫式，多少偏向腹面 ··································· 猪吻轮科

　　咀嚼器为杖型，头冠系晶囊轮虫式、椎轮虫式或猪吻轮虫式 ································ 9

9. 咀嚼器为典型的杖型，头冠系晶囊轮虫式，头盘上常有成束的粗感觉毛，咀嚼囊上有发达的
　　肌肉。多数种类不具被甲，体表常有多个叶状或片状附肢 ··························· 疣毛轮科

　　咀嚼器非典型的杖型 ·· 10

10. 咀嚼器左右不对称，体呈圆筒形、纺锤形或倒圆锥形，不对称，多少有些扭曲，被甲上常
　　有隆脊或"龙骨片"。趾呈细长的刺状或针状，等长或不等长 ······················· 鼠轮科

　　咀嚼器对称或不对称 ·· 11

11. 头冠多少偏向腹面，身体纵长，足和趾位于身体的末端，胃无盲囊 ··············· 椎轮科

　　头冠不偏向腹面，身体宽短，如有足和趾，则位于身体的腹面，胃具盲囊 ········· 腹尾轮科

12. 咀嚼器为槌枝型，头冠系六腕轮虫或聚花轮虫式 ··· 13

　　咀嚼器为钩型，头冠系胶鞘轮虫式，绝大多数种类为固着类型 ····················· 胶鞘轮科

13. 头冠系聚花轮虫式，围顶带呈马蹄形，体外具薄且透明的胶质鞘，个体间常借胶质鞘的后
　　端黏接成群体 ·· 聚花轮科
　　头冠系六腕轮虫式，群体类型或单体自由生活 ···························· 14
14. 头冠常分裂成 2、4 或 8 个裂片。足通常呈细长柄状，伸缩性强，外部具胶质或管室鞘。多
　　数种类为群体固着类型 ··· 簇轮科
　　头冠不呈裂片状，多数种类无足。有足的种类，足的末端无趾，仅有一圈纤毛。自由生活
　　类型 ·· 镜轮科

三、淡水枝角类分科检索表

1. 躯干部和胸肢裸露于壳瓣之外 ··· 8
　　躯干部和胸肢完全为壳瓣所包被 ·· 2
2. 胸肢 6 对，叶状 ··· 3
　　胸肢 5~6 对，前 2 对特化成执握肢，其他为叶状 ························ 4
3. 雌、雄溞第 2 触角均为双肢型，粗壮，其上游泳刚毛多；头部大，颈沟明显 ····· 仙达溞科
　　雌溞第 2 触角单肢型，其上只有 3 根游泳刚毛，雄性为双肢型，具 5 根刚毛 ···· 单肢溞科
4. 第 2 触角的内外肢均为 3 节；肠管盘曲，其后常有一盲囊 ··············· 盘肠溞科
　　第 2 触角的外肢有 4 节(基合溞属除外)，内肢为 3 节；肠管不盘曲，其后亦无盲囊 ····· 5
5. 第 1 触角长，与吻愈合，呈象鼻状，不能活动；嗅毛位于靠近第 1 触角基部的前侧
　　·· 象鼻溞科
　　第 1 触角较短，不呈象鼻状，能够或不能活动；嗅毛位于第 1 触角的末端 ····· 6
6. 壳弧发达，雌溞第 1 触角短小，不能活动；肠管前端具一盲囊；多数种类被甲上具网状花纹
　　·· 溞科
　　壳弧不发达，雌、雄溞第 1 触角均能活动 ································· 7
7. 后腹部肛刺的周围具羽状刚毛，末肛刺呈分叉状，颈沟明显 ············ 裸腹溞科
　　后腹部肛刺周缘无羽状刚毛，亦不分叉；体小，较侧扁；单眼靠近第 1 触角基部，第一触角
　　位于吻的末端 ·· 粗毛溞科
8. 体呈长圆柱形，具 6 对近圆柱形游泳肢，其外肢完全退化；后腹部长，尾突和尾刚毛不明显，
　　尾爪发达 ·· 薄皮溞科
　　体不呈长圆柱形，具 4 对胸肢，外肢有或退化；尾突很发达，长度超过尾刚毛；后腹部短，
　　尾爪有或无 ·· 9
9. 体粗短，胸肢的外肢呈片状，第 1 游泳肢稍长于第 2 游泳肢；尾刚毛长，尾突稍长于尾刚毛，
　　无尾爪 ·· 大眼溞科
　　体较长大，胸肢的外肢退化，第 1 游泳肢显著长于第 2 游泳肢；尾刚毛短小，尾突极长，远
　　比尾刚毛长，具尾爪 ·· 长棘溞科

四、淡水桡足类分目、科检索表

1. 头胸部明显比腹部宽长；活动关节位于第 5 胸足与生殖节之间；雌体第一触角 23~25 节，长
　　度通常可接近或达到尾刚毛的后端 ·································· 哲水蚤目(2)
　　头胸部明显或稍宽于腹部；活动关节位于第 4 胸足与第 5 胸足之间，或没有；雌性第 1 触角
　　5~17，长度一般不超过头胸部末端 ························ 剑水蚤目和猛水蚤目(6)

2. 雌性第 5 对胸足具羽状刚毛,外肢第二节的内后角向后延伸成一粗壮的棘壮齿;雌、雄性第
   5 胸足均为游泳型 ······ 胸刺水蚤科
   雌性第 5 对胸足无羽状刚毛,雌、雄第 5 对胸足非游泳型 ······ (3)
3. 雌性第 5 对胸足双肢型,内肢不发达,1 或 2 节;雄性第 5 对胸足左右异形,左足较短小,
   右足强大,外肢第 2 节的外侧具一侧刺,末端具一长的钩状刺 ······ 镖水蚤科
   雌性第 5 对胸足单肢型,无内肢 ······ (4)
4. 雄性第 5 胸足右足的外肢呈屈膝状,内肢缺或极退化;左足的外肢与内肢(或第 2 基节内缘
   突出物)相对;呈钳状 ······ 宽水蚤科
   雄性第 5 胸足的结构与上述不同 ······ (5)
5. 雌性第 5 对胸足 4 节,雄性第 5 左胸足第 2 基节的内侧有一长刀片状突出物 ····· 伪镖水蚤科
   雌性第 5 胸足退化,仅 2 节,第 2 节的末端具一强大的锥状刺;雄性第 5 左胸足第 2 基节内
   侧无长刀片状突出物 ······ 纺锤水蚤科
6. 头胸部明显宽于腹部,通常呈卵形,第 1 触角 16~17 节,雄性第一触角左右对称,雌雄异型,
   均特化成执握状 ······ 剑水蚤目(7)
   头胸部稍宽于腹部,通常呈圆筒形;第 1 触角一般为 5~9 节;颚足特化成执握肢;第 1 胸足
   常与其他附肢异型,内肢呈执握状;尾叉末端常具 2 根发达的尾毛 ······ 猛水蚤目(9)
7. 大颚须发达,分节较多 ······ (8)
   大颚须不发达,退化成一突起,其上有 2~3 根刚毛 ······ 剑水蚤科
8. 第 2 触角 2~3 节,雌性第 1 触角较细长,具长刚毛;第 5 胸足退化,基部与第 5 胸节愈合
   ······ 长腹剑水蚤科
   第 2 触角分成 4 节,雌性第 1 触角较短小,第 5 胸足 2~3 节,末节扁平,具 3~4 根刺或刚毛
   ······ 镖剑水蚤科
9. 颚足发达 ······ (10)
   颚足消失或极退化,第 1~第 4 胸足内肢退化;第 1 触角 5~6 节;身体呈蠕虫状
   ······ 拟蠕猛水蚤科
10. 颚足 3~4 节,第 1 触角 8 节,颚足末节多刚毛;第 1~第 4 胸足外肢及第 1~第 3 胸足内肢均
    3 节,第 4 胸足内肢 2 节,第 5 胸足仅 1 节 ······ 叶颚猛水蚤科
    颚足 2 节,少数 3 节 ······ (11)
11. 第 1 胸足呈捕捉型,内肢末节有爪状刺或不明显 ······ (12)
    第 1 胸足呈游泳型,内肢末节无爪状刺 ······ (16)
12. 第 1 胸足呈明显的捕捉型,内肢或外肢末节具粗壮的爪状刺 ······ (13)
    第 1 胸足呈不明显的捕捉型 ······ (14)
13. 第 1 胸足外肢较内肢发达,末节具爪状刺;第 1 触角 6~9 节,第 2 触角外肢 2 节 ······
    ······ 猛水蚤科
    第 1 胸足内肢较外肢发达,末节具爪状刺;第 1 触角 5~7 节,第 2 触角外肢无或仅 1 节 ···
    ······ 老丰猛水蚤科
14. 第 1 胸足末节末端具一弯形爪状刺 ······ (15)
    第 1 胸足末节末端无明显的爪状刺 ······ 双囊猛水蚤科
15. 雌性生殖区呈"十"字形,排出管呈长漏斗形;雄性第 3 胸足内肢形成交接刺 ······
    ······ 异足猛水蚤科
    雌性生殖区呈横长字形,排出管短小;雄性第 3 胸足内肢与雌性相似 ······ 阿玛猛水蚤科

16. 身体呈细长圆柱形；第 1 触角 6~7 节，第 2 触角外肢 1 节；第 3 胸足外肢 2 节，第 5 胸足
    1 节；雄性第 3 胸足内外肢均特化成交接器 ··························· 苗条猛水蚤科
    身体不特别细长，第 1 触角 4~9 节，第 2 触角外肢 1~3 节；第 3 胸足外肢 3 节，第 5 胸足
    1~2 节；雄性第 3 胸足特化或不特化成交接器 ························· (17)
17. 第 1 触角 4~8 节，第 2 触角外肢很小，1 节；第 5 胸足 2 节；雄性第 3 胸足内肢特化成交
    接器 ··· 短角猛水蚤科
    第 1 触角 4~9 节，第 2 触角外肢发达，2~3 节；第 5 胸足 1~2 节；雄性第 3 胸足不形成交
    接器 ··· 大吉猛水蚤科

实验 32 青蛙的生活史

【目的与要求】

1. 掌握与了解两栖动物生活史的总体过程；
2. 理解与掌握两栖动物水陆兼栖的特点。

【实验材料】

1. 青蛙(或蟾蜍)的胚胎及蝌蚪发育各阶段的液浸标本。
2. 青蛙(或蟾蜍)的成熟活体。

【用具与药品】

解剖镜、放大镜、解剖器、培养皿、注射器等，促黄体素释放素的类似物(LHRH-A)、0.7%生理盐水、蒸馏水、去氯水等。

【操作与观察】

由于青蛙的胚胎发育及蝌蚪发育要经历较长时间，故在一次实验中无法进行全过程的活体观察。因此，本实验中的活体胚胎发育的观察，可在实验课后通过继续培养来进行。在一次实验中要观察全过程，可利用先前准备的各阶段浸制标本进行观察。

1. 人工授精及孵化

1)亲蛙的准备：准备性成熟的雌雄亲体若干只。选择性成熟雌蛙时，可将雌蛙腹侧皮肤剪开一小口，透过肌肉观察卵巢中的卵球大小及颜色。成熟的卵子一般卵粒较大，色泽鲜艳，动植物极较分明。

2)配制催产剂：将促黄体素释放素的类似物(LHRH-A)用 0.7%生理盐水稀释成较高浓度的储备液(母液)，每毫升含 LRH-A 200μg，保存于冰箱中(4℃)备用。

3)注射：注射应采用新鲜配制的注射液。用 0.7%生理盐水将原先准备好的母液进一步稀释成较低浓度的注射液(5~10μg/mL)，注射量应依据蛙体的大小而不同(黑眶蟾蜍 2~5μg/只，泽陆蛙 5~10μg/只，虎纹蛙 10~20μg/只)。注射后的亲蛙放置于桶或玻璃缸中待产。

4)人工授精：雌蛙注射后 6~8h，检查雌蛙泄殖腔孔是否有卵开始排出(或轻轻压挤腹部两侧)，若有即可准备精液。取一只雄蛙，剖开腹腔，取出精巢，放于培养皿中，在少量的 0.7%生理盐水中充分捣碎，然后加一些干净的去氯水，静置 1~2min 制成精液。取一只泄殖腔孔可排出卵粒的雌蛙，轻轻压挤腹部两侧，将卵子挤入培养皿中，并轻轻摇动培养皿，使卵一一散开，以利受精。授精后 10min 左右，可见绝大多数卵子的动物极翻转向上，培养皿中呈现一片黑色。卵翻正后，倒去精液，换入新鲜的清水，让其完成胚胎发育。

5)观察记录：卵翻正后，即可开始计算蛙的产卵量；待胚胎发育至原肠期后，计算受精率。观察蛙的胚胎发育时，将受精卵置于室温下培养，于双目解剖镜(体视镜)下进行连续观察。记录每一发育时期的形态特征，拍摄或绘制各期胚胎的形态图，记录时间，测量胚胎长度等，并选择少量特征典型的各期胚胎分别用 5%的福尔马林溶液固定保存。

2. 青蛙(或蟾蜍)的胚胎发育观察

蛙的胚胎发育简要可划分为以下几个阶段(图 32-1)。

1)受精卵期：从卵受精到第一次卵裂沟出现为止。一般在受精后 5~10min，出现动物极朝上，植物极朝下，该现象称为翻正。通常蛙胚的动物极呈棕黑色，植物极呈乳白色。

2)细胞分裂期：从第一次卵裂沟出现，经过多次的分裂，形成多细胞的囊胚期，期间又可分为二细胞、四细胞、八细胞、十六细胞等几个阶段。

3)囊胚期：胚胎经多次卵裂后，分裂球的数目增多且体积逐渐变小，胚胎表面起初呈高低不平，细胞界限清楚，随着囊胚腔的形成及扩大，胚胎的直径开始变大，但并不明显(此为囊胚早期)。随着细胞继续分裂，体积更小，数目更多，细胞界限不明，胚胎表面光滑(囊胚晚期)。

4)原肠期：在胚胎的赤道板附近的地方出现唇形凹陷，其背侧即为背唇。由于动物极细胞分裂的速度较植物极细胞快，所以处于背唇位置的动物极细胞分裂后形成下包之势，将植物极逐渐包入，植物极细胞就逐渐内卷，背唇向两侧扩展加深，形成半圆形的侧唇，并继续延伸直至形成一圈为止，即形成圆形胚孔，位于胚孔位置的卵黄被称为卵黄栓。随着动植物极细胞的继续外包和内卷，胚孔逐渐变小，卵黄栓也随之缩小，直至最后被包入。

5)神经胚期：胚体纵轴开始伸长，背部变为平坦并逐渐形成一前宽后窄的勺状神经板，其狭小部分与原口相连接。随着胚体继续伸长，从神经板前端两侧开始隆起并向后延伸形成神经褶，中间凹陷形成浅而宽的神经沟。此时，两侧神经褶逐渐向中间合拢，神经沟变深而窄，直至愈合形成神经管为止。此时，胚胎表面出现纤毛，在纤毛摆动作用下，胚体会出现转动。随着胚胎的继续发育，神经褶完全愈合形成神经管，前端两侧出现感觉板和鳃板雏形，胚体纵轴继续延长。

6)孵化期：神经胚期结束后，胚胎的尾芽明显翘起并伸长，鳃板更加明显，肾原基出现并逐渐明显，肌节出现，视泡也较明显。肌肉开始出现轻微收缩，心脏开始跳动，口部略呈窝状，出现吸盘雏形。随着胚胎继续发育，鳃板逐渐形成明显的两对外鳃，并可见其内有血液作脉冲式流动，肌节增多，视泡更明显，此期大部分胚胎孵化出卵胶膜。

7)开口期：口内的口板膜穿通，口呈裂缝状，角质颌开始形成但通常还未出现色素。眼的角膜透明，黑色的视杯显露，外鳃的鳃丝伸长。在尾部与腹部交界之处可见到微弱的血液循环，并且随着胚胎的发育，血液流动越来越明显，颌齿雏形出现，眼珠愈加明显，此时蝌蚪能作较长距离游泳。

8) 鳃盖期：在每侧外鳃基部出现皮肤褶，并逐渐向腹面会合形成一条完整的肤褶，即鳃盖褶，晶体明显，肠管形成，口吸盘开始退化，身体及尾部的色素增加。随着胚胎的继续发育，右侧外鳃丝逐渐缩短，直至被鳃盖褶遮盖，口部移向吻端，出现黑色角质颌，肠管出现1~2圈弯曲。当左侧外鳃完全被鳃盖褶所封盖，留下一个小孔(称出水孔)后，胚胎发育完成。

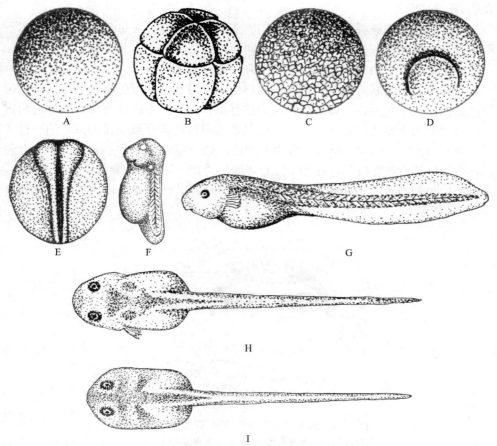

图 32-1　青蛙胚胎发育

A. 受精卵期；B. 细胞分裂期；C. 囊胚期；D. 原肠期；E. 神经胚期；F. 孵化期；G. 开口期；H. 鳃盖期(右鳃封闭期)；I. 鳃盖期(鳃盖完成期)

3. 蝌蚪发育、变态

胚胎发育完成后进入蝌蚪生活阶段，蝌蚪发育过程较缓慢。随着蝌蚪的发育，在尾基部两侧出现后肢芽并逐渐增长，且关节部位弯曲，末端分出五趾。在后肢发育的同时，前肢在鳃腔中也同时分化发育，当其发育完善后由出水孔或鳃盖部位伸出体外。随后，尾部逐渐萎缩，口退去乳突和唇齿，由吻端移向头的腹面，逐渐形成了能在陆地生活的小蛙。一般而言，从蝌蚪的前肢伸出和尾开始萎缩之时，至尾完全消失为止的过程称为变态。变态之后的个体就是能在陆地上生活的小蛙。

4. 蝌蚪的形态结构

蝌蚪的形态结构特征是研究无尾两栖分类及种间关系的重要指标。蝌蚪的分类依据尤以口部的形态结构最为重要。下面重点就蝌蚪的口部结构特点作一介绍（图 32-2）。

1）唇乳突：蝌蚪唇部游离边缘处的乳头状突起，唇乳突可分为上唇乳突和下唇乳突。唇乳突的多少及分布因类群不同而异。

2）副突：位于两口角内侧的若干小突起称为副突。

3）唇齿及唇齿式：绝大多数蝌蚪的唇内侧明显具有成行的棱状突起，即唇齿棱，其上着生有角质齿，即唇齿。唇齿的行数及其排列方式具有相对的种内稳定性，是分类的重要依据之一。唇齿式则是表达蝌蚪唇齿行数及排列方式的一种式子。如 I：1+1/1+1：II。斜线上方为上唇齿，第一排（外排）是完整的，用"I"表示，第二排左右对称排列，各为 1 短行，即用"1+1"表示，斜线下方为下唇齿，内排是中央间断成左右两短行，用"1+1"表示，其余两排由内向外是完整的，用"II"表示。

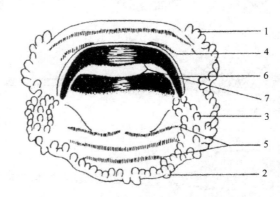

图 32-2　黑斑侧褶蛙蝌蚪口部（费梁等，2005）

1 上唇乳突；2 下上唇乳突；3 副突；4 上唇齿式（I：1+1）；
5 下唇齿式（1+1：II）；6 角质颌；7 锯齿状突

4）角质颌：指口部中央的上、下两片黑褐色角质结构。其边缘通常有锯齿状突起。

【作业与思考】

总结无尾两栖类生活史中各阶段的特点。

实验 33　校园及周边啮齿动物群落多样性调查

【目的与要求】

1. 了解校园及周边常见啮齿动物种类组成及其分布特征；
2. 了解啮齿动物种类组成与人类活动的关系；
3. 掌握啮齿类野外识别和鉴定方法；
4. 学会使用检索表；
5. 掌握啮齿动物群落多样性的调查和分析方法。

【用具与药品】

鼠铗、花生等诱饵，记录本、中国哺乳动物图鉴或检索表等工具书

【操作与观察】

1. 研究方法的选择和确定

(1) 啮齿类动物的调查方法

啮齿类动物多样性的研究方法国内常用铗日法，这种方法一般适合中小体形的啮齿类的捕捉。具体方法如下：选用中号鼠铗，以花生为诱饵，每种生境的鼠铗布设数量一般不少于 100 个铗子。铗距 5m，行距 10~50m，每条样线长度一般500m 左右，每日清查铗子时补充缺失诱饵。逐日统计捕获害鼠的数量，并分雌雄记载。一般连续捕捉 4~6 日，计算出捕获率（单位：个/100 铗·日）。

啮齿动物群落多样性的调查方法也可由学生根据当地地形情况，查阅文献后设计。

铗日法的示例：2006 年 7~8 月，采用铗日法对江西师范大学校园及周边啮齿类动物多样性进行调查，根据校园及周边地形将该地区的生境划分为人类活动区（如居民集中区和学生宿舍等）、农田、村庄、湿地、林区 5 种生境，选用中号鼠铗，以花生为诱饵，每种生境的鼠铗布设数量为 200 个铗子。铗距 5m，行距 10m。每天傍晚布铗，早晨收铗，连续 4 天。对照哺乳动物图谱或检索表鉴定捕获的啮齿类动物，计算每种啮齿类动物的捕获率（单位：个/100 铗·日）。

(2) 数据处理方法

啮齿类动物群落多样性的定量研究内容一般包括啮齿类动物的相对多度、多样性指数、均匀度等。

1) 多样性指数一般采用 Shannon-Wiener 公式，即

$$H = -\Sigma P_i \ln P_i$$

式中，H 表示多样性指数；P_i 样地中属于 i 的个体占全部个体的比例；S 为物种数。

2) 均匀度指数采用 Pielou 指数，即

$$J=H/H_{max}=H/\ln S$$

式中，J 表示均匀度；H 实测得到的多样性值；H_{max} 为最大物种多样性值

3) 相对多度，即

$$A=N/LD$$

式中，A 表示啮齿类动物的相对多度；N 表示某一生境一特定啮齿类动物捕获的总数量；L 表示某一生境每日布铗数；D 表示布铗天数。

2. 啮齿类动物的鉴定和计数

调查啮齿动物之前，教师可引导学生查阅本省(如省动物志等)或校园附近有关啮齿类多样性的相关文献，熟悉当地常见啮齿类的形态特征和主要鉴别特征。然后让学生熟悉当地地形，根据地形确定研究方法和研究内容。方法确定后，由教师带队，将学生分成小组，每组 20 人左右，在不同生境收集啮齿类动物多样性的数据。对照中国哺乳动物图谱进行种类鉴定，记录每种啮齿动物的数量。让学生注意不同啮齿动物的鉴别特征。

3. 数据整理

将野外收集的数据带回实验室进行处理，求出每种生境的平均啮齿类动物的相对多度，单位：个/100 铗·日。利用公式计算啮齿类动物多样性、均匀度等多样性参数。

4. 研究报告的撰写

根据所得数据，按照研究论文的格式写一篇研究报告。报告内容可包括题目、摘要、前言、方法、地区的自然概况、结果和讨论。前言可以在回顾国内啮齿类群落多样性的研究工作的基础上提出本项工作的目的和意义。结果可以从啮齿类动物多样性和物种组成、啮齿类动物组成与人类活动的关系等方面写，鼓励学生在查阅一些相关文献的基础上进行写作。讨论部分也可以从啮齿类动物多样性和物种组成、啮齿类动物组成与人类活动的关系等方面进行写作，探讨不同生境对啮齿类动物组成和多样性的影响及如何防治这些啮齿类动物等。

第3部分 研究性实验

实验 34 研究性实验的一般方法

【目的与要求】

1. 巩固与加强学生对已学的动物学基础知识与基本技能的掌握，并实现灵活运用的效果；

2. 培养学生的科学态度、科学素质、创新意识与创新能力；

3. 通过相关研究，初步掌握与了解科学研究的步骤、方法及写作能力，为今后的进一步研究打下良好基础。

【步骤与方法】

1. 初定研究领域

在动物学及相关交叉学科中，对每位学生所感兴趣的研究领域或方向进行归类，将相同及相近的同学合并在同一小组，这样，一个班集体一般可分为若干小组，每个小组由学生自行确定其研究领域。

2. 查阅资料

在所确定的研究领域中，各小组的学生自行查阅相关资料，必要时任课教师可协助介绍查阅方法并提供查阅途径。对查阅到的资料进行分析和比较，为确定小组的研究主题(题目)奠定基础。

3. 确定研究内容及拟定研究提纲

在查阅相关资料的基础上，各小组提出相应的研究题目，并拟定研究提纲，包括研究内容的主要问题、重点和难点，相应的研究方案(研究的方法、步骤和进度等)，方案调整预案及预期成果等，由教师审阅并修改和完善。

4. 准备实验

根据所拟定的研究提纲，各小组进行研究前的准备，包括小组成员的分工、研究所需实验用具的准备、仪器操作的熟悉、玻璃器皿的清洗和试剂的配制或野外工作线路的确定及野外采集工具的准备等。

5. 实验研究工作

根据所拟定的研究方案开展相应的研究工作，做好记录(包括文字记录、拍照、录像等)。

6. 实验的总结

对研究记录进行整理、统计和分析，最后按照研究论文的格式写出研究总结

【参考实验题目】

(1) 选择某个区域的陆生贝类，并对其进行调查研究。

(2) 调查入侵生物大瓶螺在某地的分布与危害。

(3) 枝角类的培养观察，以及温度、饵料对其生长、繁殖的影响。

(4) 枝角类急性毒性实验检测各种重金属的毒性。

(5) 某一水体中浮游动物的调查及其与水质的关系分析。

(6) 选择某个水域进行鱼类资源的调查研究。

(7) 选择某种鱼类(如观赏鱼金鱼或热带鱼)进行饲养繁育研究。

(8) 选择某个区域(如校园内)进行两栖爬行动物的相关调查研究。

(9) 采集并鉴定当地的蝌蚪。

(10) 选择某种青蛙进行胚胎发育的观察研究。

(11) 环境因子对青蛙胚胎发育的影响。

(12) 环境污染物对蝌蚪的毒性影响。

(13) 选择某种龟类(如红耳龟)进行饲养繁育研究。

(14) 某种壁虎的摄食行为观察研究。

(15) 选择某个区域观察不同季节的鸟类资源及其数量的变化。

(16) 某种晚成雏的摄食行为观察研究。

(17) 选择校园或某一地区开展啮齿动物群落多样性调查。

【作业与思考】

以研究小组为单位开展各自的研究工作，并将研究结果以论文的形式提交任课教师批阅。

参 考 文 献

白庆笙, 王英永, 陈廷, 等. 2007. 动物学实验. 北京: 高等教育出版社

秉志. 1960. 鲤鱼解剖. 北京: 科学出版社

蔡明章. 1980. 蛙类催产和人工授精方法. 动物学杂志, (2): 49-50

陈品健, 陈小麟, 陈奕欣, 等. 2001. 动物生物学. 北京: 科学出版社

陈曲侯, 朱贤基, 王国汉. 1958. 动物学教学用图(上册). 武汉: 华中师范学院生物系, 石家庄师范学院生物系

陈义. 1954. 无脊椎动物学. 上海: 商务印书馆

陈义. 1956. 中国蚯蚓. 北京: 科学出版社

成庆泰, 郑葆珊. 1987. 中国鱼类系统检索(上册). 北京: 科学出版社

程红. 1996. 脊椎动物比较解剖学实验指导. 北京: 北京大学出版社

丁汉波. 1983. 脊椎动物学. 北京: 高等教育出版社

堵南山. 1987. 甲壳动物学(上下). 北京: 科学出版社

堵南山, 赖伟, 邓雪怀, 等. 1989. 无脊椎动物学. 华东师范大学出版社

费梁, 叶昌媛, 黄永昭. 2005. 中国两栖动物检索及图解. 成都: 四川出版集团·四川科学技术出版社

高玮. 1992. 鸟类分类学. 长春: 东北师范大学出版社

耿宝荣. 2002. 蛙的早期胚胎发育. 生物学通报, (10): 17-18

侯林, 吴孝兵. 2007. 动物学. 北京: 科学出版社

胡自强, 胡运瑾. 1997. 河蟹生殖系统的形态学和组织结构. 湖南师范大学自然科学学报, 20(3): 71-76

华中师范学院, 南京师范学院, 湖南师范学院. 1983. 动物学(上下). 北京: 高等教育出版社

黄美华, 金贻郎, 蔡春抹. 1990. 浙江动物志: 两栖类和爬行类. 杭州: 浙江科学技术出版社

黄诗笺. 2006. 动物生物学实验指导. 第 2 版. 北京: 高等教育出版社

黄正一, 蒋正揆. 1984. 动物学实验方法. 上海: 上海科学技术出版社

季达明. 1987. 辽宁动物志——两栖类、爬行类. 沈阳: 辽宁科学技术出版社

江静波. 1995. 无脊椎动物学. 第 3 版. 北京: 高等教育出版社

姜乃澄, 丁平. 2007. 动物学. 杭州: 浙江大学出版社

姜乃澄, 卢建平. 2001. 动物学实验指导. 杭州: 浙江大学出版社

蒋燮治, 堵南山. 1979. 中国动物志, 节肢动物门, 甲壳纲, 淡水枝角类. 北京: 科学出版社

蒋燮治, 沈蕴芬, 龚循矩. 1983. 西藏水生无脊椎动物. 北京: 科学出版社

刘承钊, 胡淑琴. 1961. 中国无尾两栖类. 北京: 科学出版社

刘凌云, 郑光美. 1997. 普通动物学. 第 3 版. 北京: 高等教育出版社

刘凌云, 郑光美. 2010. 普通动物学实验指导. 北京: 高等教育出版社

缪国荣, 王承录. 1990. 海洋经济动植物发生学图集. 青岛: 青岛海洋大学出版社

南京师院生物系. 1961. 无脊椎动物学. 北京: 人民教育出版社

任淑仙. 2007. 无脊椎动物学. 第 2 版. 北京: 北京大学出版社

上海水产学院. 1982. 鱼类学与海水鱼类养殖. 北京: 农业出版社

沈嘉瑞. 1979. 中国动物志, 节肢动物门, 甲壳纲, 淡水桡足类. 北京: 科学出版社

沈蕴芬, 章宗涉, 龚循矩, 等. 1990. 微型生物监测新技术. 北京: 中国建筑工业出版社

四川省生物研究所两栖爬行动物研究室. 1977. 中国两栖动物系统检索. 北京: 科学出版社

孙成渤. 2004. 水生生物学. 北京: 农业出版社

孙虎山. 2010. 动物学实验教程. 第二版. 北京: 科学出版社

孙虎山. 2004. 动物学实验教程. 北京: 科学出版社

田婉淑, 江耀明. 1986. 中国两栖爬行动物鉴定手册. 北京: 科学出版社

王爱勤, 李国忠. 2002. 动物学实验. 南京: 东南大学出版社

王家楫. 1961. 中国淡水轮虫志. 北京: 科学出版社

王克行. 1997. 虾蟹类增养殖学. 北京: 中国农业出版社

王所安, 和振武. 1991. 动物学专题. 北京: 北京师范大学出版社

王所安. 1986. 动物结构与类群(脊椎动物部分). 天津: 天津科学技术出版社

王所安. 1960. 脊椎动物学. 北京: 人民教育出版社

魏崇德, 陈永寿. 1991. 浙江动物志——甲壳类. 杭州: 浙江科学技术出版社

吴观陵. 2005. 人体寄生虫学. 北京: 人民卫生出版社

武汉大学, 南京大学, 北京师范大学. 1978. 普通动物学. 北京: 高等教育出版社

谢醒民, 杨树森. 1999. 临床寄生虫病学. 天津: 天津科学技术出版社

徐芍南. 1958. 无脊椎动物学实验教程. 北京: 高等教育出版社

杨安峰, 程红. 1999. 脊椎动物比较解剖学. 北京: 北京大学出版社

杨安峰. 1992. 脊椎动物学(修订本). 北京: 北京大学出版社

杨安峰. 1984. 脊椎动物学实验指导. 北京: 北京大学出版社

杨安峰. 1979. 兔的解剖. 北京: 科学出版社

姚锦仙, 程红. 2008. 脊椎动物比较解剖学实验. 北京: 北京大学出版社

詹永乐. 2007. 动物学实验教程. 合肥: 安徽科学技术出版社

张孟闻, 宗愉, 马积藩. 1998. 中国动物志 爬行纲(第一卷)总论 龟鳖目 鳄形目. 北京: 科学出版社

张润生, 任淑仙. 1991. 无脊椎动物学实验. 北京: 高等教育出版社

张训浦. 2000. 普通动物学. 北京: 中国农业出版社

张迎梅, 包新康, 高岚. 2004. 动物生物学实验指导. 兰州: 兰州大学出版社

章宗涉, 黄祥飞. 1991. 淡水浮游生物研究方法. 北京: 科学出版社

赵尔宓, 黄美华, 宗愉, 等. 1998. 中国动物志 爬行纲(第三卷)有鳞目 蛇亚目. 北京: 科学出版社

赵尔宓, 赵肯堂, 周开亚, 等. 1999. 中国动物志 爬行纲(第二卷)有鳞目 蜥蜴亚目. 北京: 科学出版社

赵慰先. 1997. 人体寄生虫学. 第2版. 北京: 人民卫生出版社

浙江医科大学. 1980. 中国蛇类图谱. 上海: 上海科学技术出版社

郑光美. 1991. 脊椎动物学实验指导. 北京: 高等教育出版社

郑作新. 1982. 脊椎动物分类学. 北京: 科学出版社

中国野生动物保护协会. 1995. 中国鸟类图鉴. 郑州: 河南科学技术出版社

中华人民共和国濒危物种进出口管理办公室. 2002. 常见龟鳖类识别手册. 北京: 中国林业出版社

周本湘. 1956. 蛙体解剖学. 北京: 科学出版社

朱清顺, 苗玉霞. 2003. 河蟹无公害养殖综合技术. 北京: 中国农业出版社

左仲贤. 2001. 动物生物学教程. 北京: 高等教育出版社

Brusca R C, Brusca G J. 2002. Invertebrates. (2nd ed). Sunderland: Sinauer Associates, Inc

Gill F B. 1989. Ornithology. New York: W. H. Freeman and Company

Hickman C P. 1989. 动物学大全(上下册). 林琇瑛译. 北京: 科学出版社

Hickman C W. 1973. Biology of the Invertebrates. Saint Louis: The C V Mosby Company

Koste W. 1978. Rotatoria. Berlin: Gebrüder Bornträger

Marquardt W C, Demaree R S. 1985. Parasitology. New York: Macmillan publishing Company

Shumway W. 1940. Stages in the normal development of *Rana pipiens*. The Anatomical Record, 78: 139–147

Tchang S, Koo K C. 1936. Description of a new variety of *Branchiostoma belcheri* Gray from Kiaochow Bay, Shantung, China. Contr Inst Zool Nat Acad Peiping, 3: 77–114

Young J Z. 1962. The Life of Vertebrates (2nd ed). Oxford: The Clarendon Press